U0160165

基于融合表征的多视图学习方法

郑婷一　编著

西安电子科技大学出版社

内 容 简 介

基于融合表征的多视图学习是机器学习中的一个重要研究分支。本书介绍了基于融合表征的多视图学习方法的基础概念、技术应用及研究现状和系列方法。

全书共 5 章,大致分为两部分:第 1 部分(第 1 章)介绍多视图学习的基本概念、主要技术手段及研究现状;第 2 部分(第 2~5 章)介绍了四种多视图学习方法——基于多视图相关性与融合表征效果的关联性分析方法、基于双反馈机制的多视图相关性增强表征学习方法、基于多视图深层特征增强的隐空间融合表征方法、基于多视图差异性和一致性的聚类融合增强学习方法,这部分内容先对问题背景进行剖析,介绍相关基础模型,再详细描述方法框架及原理,然后介绍方法的应用效果,由浅到深,便于读者深入了解各种方法,从中挖掘出有意义的改进点,便于后续研究的开展。

本书适合从事人工智能、机器学习、数据挖掘等方向研究的本科生和研究生阅读,也可供具有一定研究背景的对多视图学习感兴趣的读者参考。

图书在版编目(CIP)数据

基于融合表征的多视图学习方法/郑婷一编著. --西安:西安电子科技
大学出版社,2024.3
ISBN 978 - 7 - 5606 - 6930 - 4

Ⅰ. ①基… Ⅱ. ①郑… Ⅲ. ①计算机视觉—研究
Ⅳ. ①TP302.7

中国国家版本馆 CIP 数据核字(2023)第 228042 号

策 划 薛英英
责任编辑 杨 薇
出版发行 西安电子科技大学出版社(西安市太白南路 2 号)
电 话 (029)88202421 88201467   邮 编 710071
网 址 www. xduph. com   电子邮箱 xdupfxb001@163.com
经 销 新华书店
印刷单位 陕西天意印务有限责任公司
版 次 2024 年 3 月第 1 版 2024 年 3 月第 1 次印刷
开 本 787 毫米×1092 毫米 1/16 印张 9
字 数 157 千字
定 价 30.00 元
ISBN 978 - 7 - 5606 - 6930 - 4/TP

XDUP 7232001 - 1

＊＊＊如有印装问题可调换＊＊＊

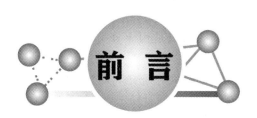

前　言

　　大数据时代，互联网中产生了海量的数据。数据通常有多个来源或多种表示形式，每个来源或每种表示形式称为数据的一个视图。对同一对象从不同途径、结构或角度进行描述的数据，称为多视图数据。发现不同视图间一致性、相关性和差异性，并利用视图间的关系协同学习，得到多视图的融合表征并做出合理决策的过程称为多视图学习。多视图学习作为机器学习领域的重要研究分支受到了研究者的关注，也取得了一定的进展，其在自然语言处理、图像分析、医疗诊断等领域都有很大的应用价值。

　　作者在日常科研工作中经过调研，发现多视图学习面临着诸多挑战，比如视图高阶表征问题，视图内、视图间关系的学习问题，多视图融合机制单一的问题，学习模型的普适性问题。多视图数据存在着巨大的差异性，学习模型往往不能保证在不同数据集上和任务中均有稳定的性能，如何提升模型的学习能力有待进一步研究，也具有重要的研究价值。

　　本书力求详细地介绍基于融合表征的多视图学习方法，在内容选取上，侧重介绍常见的技术手段及原理，满足读者对该领域的研究需求，旨在使读者对多视图数据学习有系统的了解，快速入门该领域，寻找突破点，并进一步展开深入的研究。

　　本书第 1 章介绍了多视图学习的基本概念及应用，主要方便读者对该领域问题有直观的认知。

　　第 2 章首先从数据本身入手，研究数据中隐藏的规律，并分别挖掘了视图间相关性及数据融合表征进行分类任务的效果对比情况，最后对视图关系情况与分类结果进行综合分析，得出视图相关性与融合效果的关联性分析结果。

　　第 3 章主要研究如何提升现有子空间学习方法中的视图表征能力，为此提出了一种基于双反馈机制的相关性增强表征学习方法，该方法不仅能够独立增强表征，而且能够学习到多视图的公共子空间，并实现了视图特征的降维，在分类和聚类任务中均能取得性能的提升，具有很强的普适性。

第 4 章的研究目标为学习多视图的隐空间，该隐空间是原视图特征通过投影矩阵得到的，而且该隐空间能够很好地表示不同原始视图的差异性结构；基于新近提出的 LMSC 模型，将只适用于分类的模型优化为适用于分类和聚类的通用模型，实现了一个新的尝试。

第 5 章对多视图聚类问题展开研究，将度量学习应用于视图的融合表征学习方法中，首先利用度量学习实现了视图内、视图间的关系学习，使得视图内差异性最大，视图间相关性最强，然后基于视图的重构特征进行动态相关性学习，得到视图的融合表征，直接用于聚类任务，通过应用证明该方法的聚类性能优于基准算法。

本书的编写得到了太原理工大学王莉教授的指导和大力支持，在此表示诚挚的谢意。由于书稿是作者在中国科学院计算技术研究所博士后流动站工作期间编写完成的，也得到了中国科学院计算技术研究所多位老师的指导和帮助，在此一并致谢。同时，感谢山西能源学院各位领导和老师对本书编写提供的帮助和支持。感谢我的家人多年来对我学业和工作的支持和默默付出，谨以此书献给他们。

本书的出版得到了山西能源学院智能控制与仪器研究所、智慧能源产业学院的资助以及山西省基础研究计划（自由探索类）项目（20210302124551）、山西省高等学校科技创新项目（2020L0735）、山西省高等学校教学改革创新立项项目（J20231493）等的资助，在此一并表示感谢。

限于作者水平，书中难免有不妥之处，恳请专家、读者和同行批评指正，来信请发至邮箱 tyut66666@163.com。

编著者
2023 年 5 月

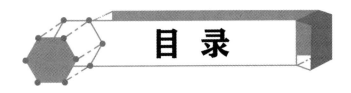

目 录

第 3 章　基于双反馈机制的多视图相关性增强表征学习方法 ┈┈┈ 43

第1章

多视图学习概述

苏轼在《题西林壁》中写道"横看成岭侧成峰，远近高低各不同"。在现实世界中，同一事物可从不同视角进行描述，如动物可由文本、图片、音频等形式的数据描述，这些不同来源、不同角度的信息构成该事物的多视图数据。充分挖掘多视图数据的有效信息以实现事物判断的过程即为多视图学习。"井底之蛙""盲人摸象""管中窥天"等揭示了使用部分视图或片面信息对事物判定的准确性有不良影响。因此，如何融合学习多视图数据满足下游任务需求是多视图学习的主要目标。不同视图数据特征的表达、结构、维度往往不同，且视图间存在各种关系，无法直接得到统一的表示，需设计有效的学习机制，实现多视图数据的融合表示。

本书将重点介绍基于融合表征的多视图学习方法中的技术手段，以及具体的融合表征方法，使读者了解如何构建多视图数据的融合表征模型，提高学习效果。

1.1　研究背景

随着信息技术迅速发展，人类社会步入大数据时代，各行各业每天都在产生海量数据，这些数据以不同来源或不同模态汇聚在一起，构成了当今的互联网大数据。在实际应用和研究中，多视图数据分为两种类型，一种是同一对象由不同网络来源或角度的数据描述，如图 1-1(a)所示；另一种是同一对象由同一网络来源的不同结构的数据描述，如图 1-1(b)所示。将每个来源或每种结构的数据看作一个视图，对同一对象从不同途径、结构或角度描述的数据称为多视图数据(Multi-view Data)，也可以将多视图数据看作同一数据的不同组成成分及其互补信息的集合。以社交网络数据为例，某用户在不同网络平台上有发文、关注者、粉丝、评论等多视图数据，若对该用户的兴趣进行建模，需挖掘数据中隐含的丰富信息，学习用户多视图数据特征的统一表示，基于此再进行后续的预测任务。

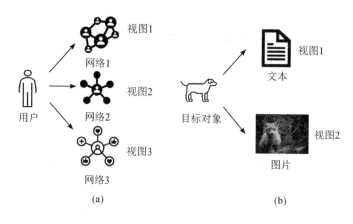

图 1-1 多视图数据

多视图数据比单视图数据更能挖掘出数据中有价值的信息。多视图数据的真正价值在于视图间存在着相关性、一致性和差异性信息。以实现特定任务为目的，对多视图数据进行建模、协同学习或融合的过程称为多视图学习(Multi-view Learning)。自利用不同视图协同学习的思路被提出后，多视图学习作为机器学习领域的重要研究分支也受到了研究者的关注，并发展出了一系列的方法，目前在自然语言处理、图像分析、医疗诊断等领域都得到了广泛应用。

根据调研，多视图学习研究的方向主要有：① 多视图特征选择和构建；② 基于已有的视图特征进行融合表征学习；③ 基于特定技术手段的多视图学习模型研究(如子空间学习、协同训练和多核学习等)。

其中，多视图特征选择和构建是多视图数据特征构造的前期过程，是模型设计的前提条件。因为采集到的多视图数据往往是丰富和冗余的，而我们希望最终生成的是包含尽可能多样属性集的视图，便于后续模型的学习过程中能够充分有效地利用数据，因此，在特征选择和构建过程中不仅要考虑视图本身涵盖的有效信息，还要考虑视图间相辅相成的关系。目前的多视图学习算法研究是基于已经构建好的多视图数据集的，本书也是使用现成公开的多视图数据集，因此，书中将不对多视图特征选择和构建进行赘述。基于已有的视图特征进行融合表征学习是数据应用的关键环节，直接决定了最终模型的学习效果，因此，本书内容也是近年来研究的热点和难点。多视图融合表征主要是从多视图的特征中挖掘出视图的各类关系信息，然后得到新的视图表征，实现视图的有效融合。另外，基于特定技术手段的多视图学习模型研究其实是进行视图的表征学习，主要是基于某一特定的技术思路实现多视图特征应用和学习的模型改进。具体方法的原理将在本书后面章节中详细介绍。

1.2 基础模型

下面将分别从模型的三个研究思路详细介绍与本章内容相关的基础模型——多视图融合表征学习。

多视图融合表征学习(Multi-view Fusion Representation Learning)首先以融合数据特征为目的，通过挖掘视图的相关性、一致性和差异性信息，从同一对象的多视图数据中提取尽可能多的有效特征，然后建立特定的学习机制来实现有效特征的融合表征，最终利用融合表征执行分类或聚类任务。

多视图融合表征学习有三种主流研究思路：前期融合、中期融合和后期融合。前期融合是指首先直接将多视图特征进行串行拼接构成新的表征矩阵，然后按照传统的单视图学习方法进行改进学习，其过程如图1-2所示。该方法存在很多局限性，也缺少了视图间关系的学习。中期融合是指模型输入为单个多视图，模型设计的核心是进行视图的交叉补充学习，并得到重构视图特征，然后再基于重构视图特征拼接或现有的前、后期融合机制进行学习，其过程如图1-3所示。后期融合主要是将多视图看作多个单视图，分别进行表征学习，模型设计的目标是学习视图的公共、隐空间表征，该空间表征包含了特征的相关性或差异性等信息，其过程如图1-4所示。

多视图融合表征学习其实就是多视图学习中最核心的技术问题，而且从作者调研的各类关于多视图学习的研究中发现：很多视图学习方法基本都与多视图融合表征学习密切相关，可见多视图融合学习是多视图学习研究的基础。

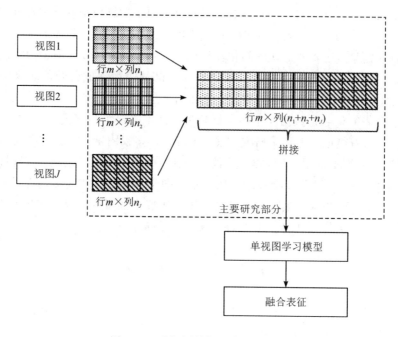

视图1

行m×列n_1

视图2

行m×列n_2

视图J

行m×列n_J

行m×列$(n_1+n_2+n_J)$

拼接

主要研究部分

单视图学习模型

融合表征

图1-2 多视图前期融合表征学习

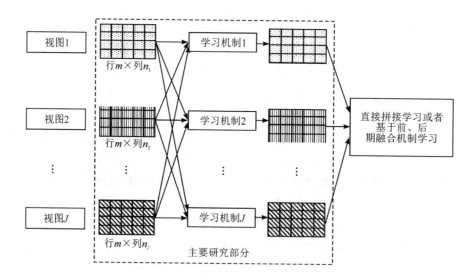

视图1

行m×列n_1

视图2

行m×列n_2

视图J

行m×列n_J

学习机制1

学习机制2

学习机制J

主要研究部分

直接拼接学习或者
基于前、后
期融合机制学习

图1-3 多视图中期融合表征学习

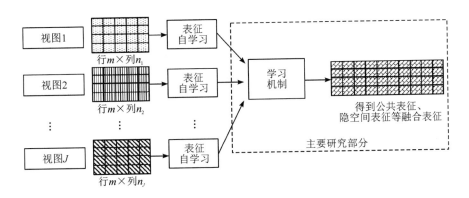

图 1-4 多视图后期融合表征学习

1.3 方 法 描 述

机器学习能够基于数据本身出发建立问题模型，挖掘出数据中隐含的丰富信息，从而实现相应的决策。然而随着信息技术的迅速发展，人类社会已步入大数据时代，各行各业每天都会产生海量的数据，并且数据的来源、表示方式也是多种多样的。以社交网络数据为例，假如欲发现某用户的兴趣，则首先可以利用该用户在不同平台上的发文、关注者、粉丝、评论等多视图数据特征学习得到该用户关于兴趣的融合表征，然后利用融合表征进行用户兴趣的分类。这就是典型的多视图融合表征学习和应用实例。

面对海量多视图数据，对于特定的数据挖掘任务，每个视图都具有其特定的属性，而且不同视图间通常都具有相关性，如果单用一个视图表示研究对象，将具有严重的片面性，因此，传统的单视图学习方法已经不再适于现有的多视图数据问题。多视图数据学习方法的研究过程中不仅需要考虑到每个视图的特征，而且需要考虑到视图间的一致性、差异性和互补性，这导致多视图融合表征学习研究存在颇多难点，迫切需要设计一个有效的融合机制，在克服难点的同时，提升多视图方法的学习性能。

近年来，多视图表征学习方法引起了许多研究团队的兴趣，研究成果相继被提出；虽然都在学习性能上有所提升，但是仍存在某些方面的不足，比如视图的特征挖掘不足、视图间相关性和差异性未能同时充分学习、视图融合机制有待优化，以及模型学习的多视图表征难以满足实际应用中的性能需求等。可见，多视图融合表征学习的研究和应用仍然是一个非常必要且具有挑战性的课题，其研究水平直接关系到人工智能理论在众多领域的应用效果，如医疗诊断、多媒体计算、多传感器数据融合和人机交互等。2019 年，张长清等人利用隐多视图表征学习方法进行婴儿脑发育的分析和预测；2020 年，Kang 等人利用多视图表征学习实现了 COVID - 19 的诊断；同年，李飞飞团队通过将医院中多类型的传感器数据进行融合表征学习实现了医疗监控分析。可见，多视图融合表征的研究具有重要的理论研究和社会应用意义。

根据学习过程中是否使用标记信息，多视图学习可分为有监督多视图学习、无监督多视图学习、半监督多视图学习；根据学习任务的不同，多视图学习可分为多视图降维、多视图分类、多视图聚类；根据技术手段的不同，多视图学习可分为基于子空间学习(Subspace Learning)的多视图学习、基于协同训练(Co-training)的多视图学习、基于多核学习的多视图学习、基于图模型的多视图学习、基于特定任务的多视图学习等。

下面将从基于子空间学习的多视图学习、基于协同训练的多视图学习、基于多核学习的多视图学习、基于图模型的多视图学习、基于特定任务的多视图学习这五个方面介绍多视图学习方法的应用及研究现状。

1.3.1　基于子空间学习的多视图学习

为了更清楚地阐述基于子空间学习的多视图学习的研究现状，我们先对子空间学习进行介绍。

子空间学习的主要思想是：原始高维数据在进行特定学习任务时会带来巨大的计算负担，而且高维数据包含了丰富的信息，那么，我们可以对原始数据进行投影变换，在尽可能多地保留原始数据结构和特征的前提下，对原始数据进行低维表示，解决数据维度灾难问题。随着多视图数据的出现，多视图子空间学习方法也应运而生。假设每个样本均由多个视图构成，每个视图的所有样本分布构成一个样本空间，所有样本空间存在于一个公共子空间，使得每个视图的样本在这个公共子空间中都有一个投影，则子空间学习的目的就是寻找这个公共子空间，使得各样本在其中的表示在尽可能保持原始分布的基础上，具有更优的特定性质。也可以认为多视图子空间学习的核心技术问题是在保留原视图尽可能多的有效特征表示的前提下，实现原数据的公共低维空间表示。但与子空间学习不同的是，多视图子空间学习不仅需要很好地表示视图的原始特征，而且公共表征中需包含视图间一致性、相关性和差异性等丰富信息，实现视图的协同学习，利用公共表征进行分类和聚类等学习任务。多视图子空间学习过程的简易示意图如图 1 - 5 所示。

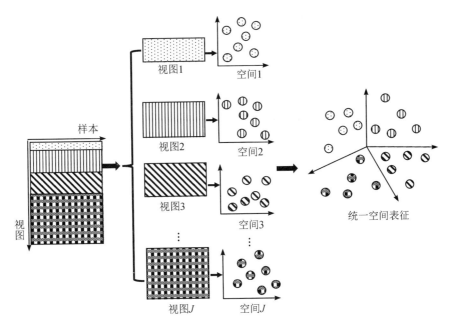

图 1-5　多视图子空间学习过程

1. 子空间学习的基础模型

假设集合 $\{(\boldsymbol{x}_1, \boldsymbol{y}_1), (\boldsymbol{x}_2, \boldsymbol{y}_2), \cdots, (\boldsymbol{x}_n, \boldsymbol{y}_n)\}$ 为 n 对特征向量，其中，$\boldsymbol{x}_i \in \mathbf{R}^p$，$\boldsymbol{y}_i \in \mathbf{R}^q$，$p$，$q$ 分别表示向量的维度。假设 $\boldsymbol{X} = \{\boldsymbol{x}_1, \boldsymbol{x}_2, \cdots, \boldsymbol{x}_n\} \in \mathbf{R}^{p \times n}$ 和 $\boldsymbol{Y} = \{\boldsymbol{y}_1, \boldsymbol{y}_2, \cdots, \boldsymbol{y}_n\} \in \mathbf{R}^{q \times n}$ 为特征向量 $\boldsymbol{x}_i$ 和 $\boldsymbol{y}_i$ 的特征矩阵。那么，典型相关性分析学习的目标是寻找成对的投影方向 $\boldsymbol{w}_x \in \mathbf{R}^p$，$\boldsymbol{w}_y \in \mathbf{R}^q$，使得典型变量 $z_1 = \boldsymbol{w}_x^{\mathrm{T}} \boldsymbol{X}$，$z_2 = \boldsymbol{w}_y^{\mathrm{T}} \boldsymbol{Y}$ 间的相关性最大。成对的投影方向 $\boldsymbol{w}_x$，$\boldsymbol{w}_y$ 可通过如下最优公式求得：

$$\max_{\boldsymbol{w}_x, \boldsymbol{w}_y} \rho = \frac{\boldsymbol{w}_x^{\mathrm{T}} \boldsymbol{X} \boldsymbol{Y}^{\mathrm{T}} \boldsymbol{w}_y}{\sqrt{\boldsymbol{w}_x^{\mathrm{T}} \boldsymbol{X} \boldsymbol{X}^{\mathrm{T}} \boldsymbol{w}_x} \sqrt{\boldsymbol{w}_y^{\mathrm{T}} \boldsymbol{Y} \boldsymbol{Y}^{\mathrm{T}} \boldsymbol{w}_y}} \tag{1-1}$$

式(1-1)中，ρ 为变量，$\boldsymbol{X}$、$\boldsymbol{Y}$ 为特征矩阵，$\boldsymbol{w}_x$、$\boldsymbol{w}_y$ 为 $\boldsymbol{X}$、$\boldsymbol{Y}$ 中的特征向量 $\boldsymbol{x}_i$ 和 $\boldsymbol{y}_i$ 的投影向量，上标 T 表示矩阵的转置。

特别地，式(1-1)中的变量 ρ 对于投影方向 $\boldsymbol{w}_x$、$\boldsymbol{w}_y$ 的缩放具有不变性，因此，式(1-1)可等价于如下优化问题：

$$\begin{cases} \max_{\boldsymbol{w}_x, \boldsymbol{w}_y} \rho \ \boldsymbol{w}_x^{\mathrm{T}} \boldsymbol{X} \boldsymbol{Y}^{\mathrm{T}} \boldsymbol{w}_y \\ \text{s. t.} \quad \boldsymbol{w}_x^{\mathrm{T}} \boldsymbol{X} \boldsymbol{X}^{\mathrm{T}} \boldsymbol{w}_x = 1, \ \boldsymbol{w}_y^{\mathrm{T}} \boldsymbol{Y} \boldsymbol{Y}^{\mathrm{T}} \boldsymbol{w}_y = 1 \end{cases} \tag{1-2}$$

使用拉格朗日乘子法，得投影方向 $\boldsymbol{w}_x$、$\boldsymbol{w}_y$ 分别为如下两个广义特征值分解问题的最大特征值对应的特征向量：

$$\boldsymbol{X}\boldsymbol{Y}^{\mathrm{T}}(\boldsymbol{Y}\boldsymbol{Y}^{\mathrm{T}})^{-1}\boldsymbol{Y}\boldsymbol{X}^{\mathrm{T}}\boldsymbol{w}_x = \lambda\boldsymbol{X}\boldsymbol{X}^{\mathrm{T}}\boldsymbol{w}_x \tag{1-3}$$

$$\boldsymbol{Y}\boldsymbol{X}^{\mathrm{T}}(\boldsymbol{X}\boldsymbol{X}^{\mathrm{T}})^{-1}\boldsymbol{X}\boldsymbol{Y}^{\mathrm{T}}\boldsymbol{w}_y = \lambda\boldsymbol{Y}\boldsymbol{Y}^{\mathrm{T}}\boldsymbol{w}_y \tag{1-4}$$

在式(1-3)、式(1-4)中，λ 为特征向量 $\boldsymbol{w}_x$、$\boldsymbol{w}_y$ 的特征值，$(\cdot)^{-1}$ 表示矩阵的逆。

多视图典型相关性分析方法是典型相关性分析(Canonical Correlation Analysis，CCA)在多视图数据中的扩展。假设 $\boldsymbol{X} = \{\boldsymbol{X}_1, \boldsymbol{X}_2, \cdots, \boldsymbol{X}_m\}$ 为 m 个视图的特征矩阵，多视图典型相关性分析方法的学习目标就是寻找一系列的线性变换 $\boldsymbol{w}_v \in \mathbf{R}^{p_v}(v=1,2,\cdots,m)$，使得 $\{\boldsymbol{X}_1, \boldsymbol{X}_2, \cdots, \boldsymbol{X}_m\}$ 投影到一个公共空间，并得到 m 个视图的低维特征 $\{\boldsymbol{w}_1^{\mathrm{T}}\boldsymbol{X}_1, \boldsymbol{w}_2^{\mathrm{T}}\boldsymbol{X}_2, \cdots, \boldsymbol{w}_m^{\mathrm{T}}\boldsymbol{X}_m\}$，而且使得所有视图中两两间的特征相关性最大，其目标优化函数如式(1-5)。最后通过拉格朗日乘子法求解广义特征值问题，求得变量 $\{\boldsymbol{w}_1, \boldsymbol{w}_2, \cdots, \boldsymbol{w}_m\}$。

$$\begin{cases} \max\limits_{\boldsymbol{w}_1, \boldsymbol{w}_2, \cdots, \boldsymbol{w}_n} \sum\limits_{v<m} \boldsymbol{w}_v^{\mathrm{T}}\boldsymbol{X}_v\boldsymbol{X}_m^{\mathrm{T}}\boldsymbol{w}_m \\ \mathrm{s.\,t.} \quad \boldsymbol{w}_v^{\mathrm{T}}\boldsymbol{X}_v\boldsymbol{X}_m^{\mathrm{T}}\boldsymbol{w}_m = 1, \ v=1,2,\cdots,m \end{cases} \tag{1-5}$$

2. 子空间学习方法的应用

CCA 由 Hotelling 于 1936 年提出，是经典的子空间学习方法。它主要计算两变量的最大线性投影。目前已成功应用于气象预测、经济分析、语音识别、跨模态检索等众多领域。但 CCA 是一种无监督的特征抽取方法。为了在分类、聚类等任务中更好地发挥作用，众多学者致力于研究相关分析理论。而实际中的变量往往是非线性的关系。随着研究的不断深入，CCA 方法也有了进一步的改进和突破。目前，非线性辅助技术——核技术在非线性相关分析方法中被广泛使用，于是研究者们相继提出了一系列基于核技术的 CCA 方法。核典型相关性分析(Kernel Canonical Correlation Analysis，KCCA)算法是其中最具代表性的方法之一，该方法首先将核函数的思想引入到 CCA 中，通过使用核函数的核希尔伯特空间进行投影，将低维的视图数据映射到高维的特征空间中，然后在核函数空间中进行视图最大相关性计算。但是该方法在训练过程中处理庞大数据集时，方法的可伸缩性差。该方法首先使用非线性映射将原始数据投影到线性可分的高维核空间中，然后在核空间中执行相应的线性特征抽取方法。目前，KCCA 已经成功解决了很多实际问题，如跨语言信息检索、基因处理和人脸表情识别等。近年来，基于 KCCA 的一系列改进工作也相继开展，比如核广义典型相关性分析(Kernel Generalized CCA，KGCCA)、约束核典型相关性分析(Restricted Kernel CCA，RKCCA)、梯度下降的核典型相

关性分析（Gradient Descent Kernel CCA，GDKCCA）、鲁棒的核典型相关性分析
（Robust Kernel CCA，Robust KCCA）、混合的核典型相关性分析（Mixed
Kernel CCA，Mixed KCCA）等。另外，Sun 等人提出的稀疏 CCA（Sparse
Canonical Correlation Analysis，Sparse CCA）学习的目的是寻找一对线性组
合，降低向量的维数。但是，这些方法只能处理两个视图，而且需要计算数据
协方差矩阵，学习成本高。在线性差别分析思想的启发下，广义典型相关性分
析（Generalized Canonical Correlation Analysis，GCCA）方法被提出，该方法在
满足多视图间相关性计算的同时，进一步减小了类内相关特征的离散度。而后，
Sun 等人提出了深度典型相关性分析（Deep Canonical Correlation Analysis，DCCA）
方法。该方法利用深度学习网络和 CCA 算法的优势，不仅解决了视图数量的
局限性问题，而且在考虑视图间相关性的基础上提高了视图的表征能力。但该
方法只考虑了视图间的相关性，却忽略了视图内的相关性。为了解决这个问
题，Liu 等人提出了模糊典型相关性分析（Fuzzy CCA，FCCA）方法，并将该方
法扩展到了经验核空间。特别地，2017 年，Adrian Benton 提出了深度广义典
型相关性分析（Deep Generalized Canonical Correlation Analysis，DGCCA）方
法，实现了深度网络和广义典型相关性分析的融合设计，在满足多视图融合学
习的基础上，提高了视图的表征能力。

　　以上方法均为无监督学习，主要学习视图间的相关性和强化视图表征。但
实际上多视图数据存在数据缺失的情况，而半监督 CCA 方法解决了数据缺失的
问题。半监督方法的研究同样具有非常重要的研究意义。Chen 等人提出了一种
半配对半监督的广义相关性分析（Semi-paired and Semi-supervised Generalized
Correlation Analysis，S^2GCA）方法，将半监督局部 Fisher 鉴别分析的思想融
入到视图相关分析的框架中。Shen 等人利用稀疏标签传播技术获得了无监督数
据的近似类信息，并提出了基于标签传播的半监督典型相关性分析（Semi-supervised
Canonical Correlation Analysis based on Label Propagation，LPbSCCA）
方法。Wan 等人提出了一种代价敏感的半监督典型相关性分析（Cost Sensitive
Semi-Supervised Canonical Correlation Analysis，CS^3CCA）方法，该方法借助
了软标签的推断策略。

3. 子空间学习模型

　　常见的多视图子空间学习方法主要有：CCA、DCCA 和 DGCCA。该类方
法的核心任务是学习视图相关性。下面重点介绍这类方法的原理。

　　1）典型相关性分析（CCA）

　　CCA 方法通过对两视图数据的特征学习以实现融合的目的。给定数据样

本 X_1 和 X_2，样本的自协方差矩阵为 Σ_{11} 和 Σ_{22}，互协方差矩阵为 Σ_{12}。计算目标是寻找样本 X_1 和 X_2 的投影方向 w_1' 和 w_2'，使得投影后的向量 $w_1'X_1$ 和 $w_2'X_2$ 相关性最大，计算公式如下：

$$(w_1^*, w_2^*) = \underset{w_1, w_2}{\arg\max}\, \mathrm{corr}(w_1'X_1, w_2'X_2)$$

$$= \underset{w_1, w_2}{\arg\max}\, \frac{w_1'\Sigma_{12}\,w_2}{\sqrt{w_1'\Sigma_{11}\,w_1\,w_2'\Sigma_{22}\,w_2}} \qquad (1-6)$$

式中，argmax 是对函数求参数（集合）的函数，corr 是计算变量相关性的函数，w_1' 和 w_2' 是样本 X_1 和 X_2 的投影向量。

CCA 模型如图 1-6 所示。

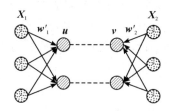

图 1-6 CCA 模型

图 1-6 中，X_1 和 X_2 为样本特征矩阵，w_1' 和 w_2' 为投影向量，u 和 v 为生成向量。

但 CCA 方法只能进行两视图的全局线性计算，无法很好地处理复杂的非线性多视图数据。为此，近年来提出了一系列基于 CCA 的衍生方法，以解决视图数量和线性运算的局限性。

2）深度典型相关性分析（DCCA）

DCCA 是深度网络与 CCA 的结合，它不仅能够利用深度神经网络对两个视图重新进行表征，而且能在保证寻找投影向量最大相关性的前提下，计算出两视图数据复杂的非线性相关性。其优化目标函数如下：

$$(\theta_1^*, \theta_2^*) = \underset{(\theta_1, \theta_2)}{\arg\max}(f_1(X_1; \theta_1), f_2(X_2; \theta_2)) \qquad (1-7)$$

$$f_1(x_1) = s(W_d^1 h_{d-1} + b_d^1) \qquad (1-8)$$

式（1-7）中，X_1 和 X_2 为视图 1 和 2 的输入特征矩阵，θ_1^*、θ_2^* 为模型的学习参数，$f(.;.)$ 为网络最后一层的输出表达式，W_d^1 为第 d 层网络第 1 层的权值矩阵，h_{d-1} 为第 $d-1$ 层的输出向量，b_d^1 为第 d 层网络第 1 层的偏差向量，s 为非线性激活函数。

DCCA 模型如图 1-7 所示。

图 1-7 中，X_1 和 X_2 为样本特征矩阵，w_1^1 和 w_2^1 为 X_1 和 X_2 第一层的投影向量，$f_1(x_1, \theta_1)$ 和 $f_2(x_2, \theta_2)$ 为 X_1 和 X_2 的输出向量，h_1 为生成向量。

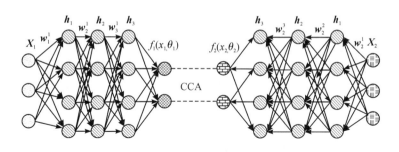

图 1 - 7　DCCA 模型

3）深度广义典型相关性分析（DGCCA）

DGCCA 模型如图 1 - 8 所示，计算过程为：给定训练样本集合 $X_j \in \mathbf{R}^{d_j \times N}$，$X_j$ 表示 N 个训练样本的第 j 个视图特征，视图特征 X_j 为 k_j 层深度表征学习模

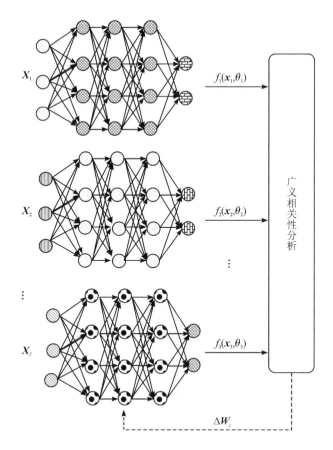

图 1 - 8　DGCCA 模型

块的输入，第 k 个视图最后一层的输出为 $f_k(\pmb{x}_k, \theta_k)$，利用 $f_k(\pmb{x}_k, \theta_k)$ 进行 GC-CA 运算。可见 DGCCA 模型主要是将 DCCA 中的传统 CCA 计算部分变换为广义典型相关性分析（GCCA），不仅利用了深度网络进行视图特征的非线性深度表征，而且利用了 GCCA 学习深度特征的融合表示。

图 1-8 中，$\pmb{X}_1$，$\pmb{X}_2$，…，$\pmb{X}_J$ 为样本特征矩阵，$f_1(\pmb{x}_1, \theta_1)$，$f_2(\pmb{x}_2, \theta_2)$ 和 $f_3(\pmb{x}_3, \theta_3)$ 为 $\pmb{X}_1$，$\pmb{X}_2$ 和 $\pmb{X}_3$ 的输出向量，$\Delta \pmb{W}_j$ 为第 j 层的反馈权重。

4. 子空间学习模型的性能对比

以上三种模型的性能对比如表 1-1 所示。从表中可以看出，DGCCA 是最优方法，不仅能够解决多视图学习中视图数量的局限性问题，而且可以实现视图的深度非线性表征。次之为 DCCA，其解决了 CCA 视图特征的线性表征的不足，实现了视图特征的深度学习，但仍存在视图数量的局限性问题。

表 1-1　子空间学习模型的性能对比

方　法	视图数量	线性/非线性相关	是否深度网络
典型相关性分析（CCA）	两视图	线性	否
深度典型相关性分析（DCCA）	两视图	非线性	是
深度广义典型 相关性分析（DGCCA）	多视图	非线性	是

1.3.2　基于协同训练的多视图学习

协同训练（Co-training）是典型的多视图半监督分类算法。协同训练模型的过程示意图如图 1-9 所示。首先，利用有标签的视图数据特征分别训练分类器；然后，在不同分类器上对未标记的数据进行标记，对每个视图中置信度高的未标记样本进行标记，并加入到其他分类器的训练样本中；接着，其他分类器将利用更新后的样本数据进行训练，在过程的不断迭代中，两种视图中的信息完成了交换，当未标记的样本全部标记完成后，即过程结束。在算法优化中，协同训练实现了在不同分类器上进行分类交叉预测，通过设定预测一致性最大和预测不一致性最小，使结果达到最优。协同训练算法作为一种非监督学习方法，利用未标记样本强化模型的学习能力，解决了样本标记信息不足的问题。

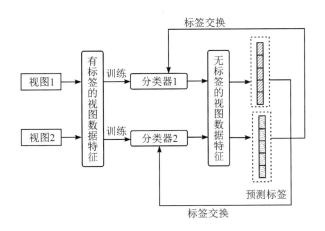

图 1-9 协同训练过程示意图

协同训练算法最早由 A. Blum 提出，其基于三个假设条件：① 两个视图均可以独立完成学习任务和分类任务，即两视图是充分冗余的；② 两个视图的目标函数对于共同出现的特征预测标签是一样的；③ 两个视图间是条件独立的，当给定标记时，其中任意一个视图特征独立于另一个视图特征集。然而，该假设在现实数据集中是难以满足的。因此，在协同训练算法的基础上，提出了一系列新的算法。Zhou 提出了不需要满足充分冗余条件的协同训练算法，在同一视图特征上训练出两个不同的分类器，在协同训练过程中，两个分类器通过统计技术对数据集分别进行置信度标记，并将置信度最高的训练集进行标记，作为另一个分类器的有标记训练集，实现更新。但是该算法有分类器种类的限制条件，而且为了标记置信度，在训练过程中需要多次挑选未标记样本、进行标记、分类器预测，时间成本很大。然后，为了进一步不受协同训练算法约束条件的限制，Zhou 和 Li 提出既不需要满足充分冗余条件，又不受分类器种类限制的 Tri-training 算法。首先，对标记样本利用重复取样获得三个有标记的训练数据集，每个训练集生成一个分类器，其中任意一个分类器中更新的标记数据集由另外两个分类器提供，即另外两个分类器对同一个未标记样本预测的置信度最高，则被标记后加入到第三个分类器中，作为其有标记训练集。然后对未知样本进行预测时，也不需要挑选分类器进行分类，而是使用集成学习来提高算法的泛化能力。另外，Wang 和 Zhou 又证明了当两个分类器性能差异较大时，通过协同训练算法来利用未标记样本可提高学习性能，而且通过理论分析可得，使用协同训练可提高算法泛化能力。后来，Zhou 等人在此基础上又提出了 Co-forest 算法，将 Tri-training 算法扩展到使用更多分类器的情况。除此以外，还有其他团队也提出了算法的改进，如 Nigam 等人对未标记样本的预测概率设置最大期望值，提出了预测概率标签的 Co-EM 算法。Muslea 等人提出一种鲁棒的半监督学习算法，实现了主动学习和协同训练算法的结合。Sindhwani 等人提出数据依赖的正则化方法 Co-regularization，通过使用 RKHS 理论约束不同视图间的模型一致性。

总之，协同训练的成功主要依赖于上述内容中提到的三个假设条件，考虑到条件的约束性，近年来也提出了一些弱化假设条件的相关方法，这些方法的出现进一步丰富了多视图学习领域的研究内容。

1.3.3　基于多核学习的多视图学习

核方法是机器学习领域的一个研究热点，是支持向量机的核心算法。其通过将数据原始特征映射到更高维的空间中，将非线性引入到决策函数中，是解决非线性模式分析问题的一种有效方法，已经被广泛应用于分类、聚类等学习任务中。然而，在实际数据学习中，由单个核函数构成的核机器并不能满足数据异构、不规则、样本规模巨大、分布不均匀等实际的应用需求；特别地，针对多视图数据中存在的数据来源、结构等差异性很大的问题，我们可首先对不同的视图构造不同的基核，然后将这些核函数组合起来进行学习，以获得更好的学习效果。这种多个核函数组合而成的学习方法称为多核学习（Multi-Kernel Learning），其过程示意图如图 1-10 所示。

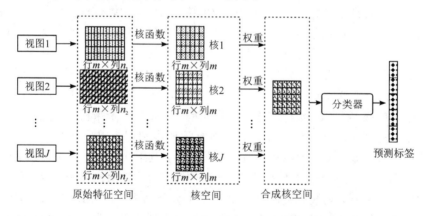

图 1-10　多核学习过程示意图

通过多核学习过程可以看出，该方法主要研究的是如何选择合适的核函数和如何进行核函数的组合。当前，多核学习方法的研究也取得了新的进展，以提高算法的学习性能和计算效率。Wang 等人提出一种多重自适应回归核（Multiple Additive Regression Kernels，MARK）模型，首先将全部不同的核函数及参数构造成一个异构核矩阵，然后利用 boosting 列得到核矩阵的每一列，并加入到合成核中。Sonnenburg 等人提出一种较通用有效的求解多核学习问题的思路，将多核学习问题转化为半无限线性规划问题（Semi-Infinite Linear Program，SILP）进行求解。Jin 等人提出将多核问题转化为一个半正定规划问题（Semi-Definite Programming，SDP）。随后，Bach 等人将多核学习作为一个二阶锥规划问题（Second Order Cone Program，SOCP），使用 SMO 算法进行问题求解。Sonnenburg 等人将多核学习应用于大规模问题求解中并提出使用半无穷线性规划（Semi-Infinite Linear Program，SILP）进行求解。Rakotomamonjy 等人基于 group-Lasso 思想，提出了 Simple 多核学习算法，该算法中引入了二范数思想并可通过子梯度下降法求解。之后，基于范数求解的思路又催生了一系列方法。随后，Huang 等人提出了一种多核聚类算法 MKKM，该方法交替进行核 k-means 聚类和更新核的权重系数。Du 等人提出了一种鲁棒的多核 k-means 算法，该算法通过将损失的平方和替换为一个范数项来进一步提高 MKKM 的鲁棒性。

总之，在多核学习系列方法中，根据其训练过程的步数，主要将其分为一步多核学习和两步多核学习；相较于一步多核学习，两步多核学习的计算复杂度较低，因为一步多核学习同时计算核参数及分类器参数，而两步多核学习得到多核参数的同时更新了分类器参数，得到分类器参数时也更新了多核参数。

1.3.4　基于图模型的多视图学习

基于图模型的多视图学习方法主要包括三个过程：① 分别为每个视图构建一个图及相应的相似度矩阵；② 从这些图中学习所有视图的公共图；③ 在学到的公共图上进行特定的学习任务。因此，该方法的主要挑战是如何有效地融合不同视图以满足任务的需求。为解决原始数据中包含噪声等原因而使得建立的图不可靠、不精确问题，Nie 等人提出了近邻自适应半监督多视图学习（SMLAN）方法。该方法中测试样本也参与到训练过程中，当训练结束时，模型能够学习到测试样本的标记，可同时进行局部结构学习和半监督分类。此外，该方法可为每个视图自动地指定合适的权重。为解决受噪声等因素影响的有标记样本会对学习得到的模型的准确性产生不利影响，Hu 等人提出了鲁棒多视图半监督学习（RMSL）方法，主要利用 $l_{2,1}$ 损失，实现有效抑制受噪声等因素污染的样本所产生的不利影响。此外，该方法中使用基于图建模的数据的局部结构并设计了一种多视图约束，使得不同视图的输出尽可能地一致，从而使该方法能够有效地挖掘不同视图的相关性和互补性信息来综合地对样本对象进行描述。另外，近年来，研究者们也提出了很多使用图模型的多视图聚类方法。例如，Tang 等人提出了一种多图聚类方法，该方法使用多个相似度矩阵作为输入，通过相关矩阵分解提取由所有图共享的结构信息。为使所有图具有相同的类别结构，Kumar 等人将协同正则化应用到谱聚类，提出了一种协同正则化多视图谱聚类方法。类似地，Cai 等人设计了一种基于图的多视图学习模型来整合异构的图像特征。Cao 等人提出了一种有约束的多视图视频人脸聚类方法。

以上方法均假设每个视图的特征都是可靠的。然而在实际的多视图数据中，每个视图对于最终学习效果的贡献强弱是不同的，而且还有噪声的影响。为此，Cheng 等人结合先验信息简单地计算每个视图的权重，但是该方法需要人工干预而降低了其灵活性和稳定性。Tao 等人分别使用 l_1-范数和 F-范数平方度量由所有视图共享的相似度矩阵与每个视图的相似度矩阵的误差，提出了两种自适应图学习方法。该方法不仅考虑了不同视图的贡献差异度，也考虑了每个视图内不同样本的贡献。尽管这些方法能够自适应地学习每个视图的权重，但是这些方法依赖于额外的超参数。为此，Nie 等人提出了一种新的无参的自权重多图学习（Auto-weighted Multiple Graph Learning，AMGL）方法，可同时学习每个视图的权重和所有视图共享的类别指示矩阵。同时，Zhan 等人也提出了一种图学习多视图方法，该方法从每个视图中自适应学习相应的相似度矩阵作为输入，为每个相似度矩阵学习一个权重，同时学习一个由所有视图共享的相似度矩阵。综上，在设计基于图模型的多视图学习方法中，既要考虑区分不同视图的权重，也应很好地处理噪声，这样才能提高模型的学习效果。而且，以上基于图模型的多视图学习方法中尚未明确考虑多视图数据的高阶相关信息，而这也是提高学习性能的一个重要突破点。

1.3.5 基于特定任务的多视图学习

1. 基于分类任务的多视图学习

在实际应用问题中，实现多视图分类比聚类更为重要。如何设计一个高性能的多视图表征学习模型，满足分类任务的需求是值得研究的重要技术问题。例如，Ba 等人使用分类损失来实现图片和文本数据的匹配。Fukui 等人提出了一个多模态密集双线性池化（MCBP）模型，系统地研究了多特征融合策略。然而，MCBP 只是实现了两个视图多特征融合，并通过分类来预测短语和领域间的相似性。此外，多视图数据往往是多标签的，因此，部分团队重点研究了多视图的多标签多类问题，针对现有方法未充分考虑多视图间的互补信息导致模型学习效果不理想，Zhang 等人提出了一种潜在语义感知的多视图多标签学习方法，以充分利用数据的多个视图，通过同时增强核空间中不同视图之间潜在语义基的一致性，实现多视图融合表征。Zhu等人同时利用数据和每个视图的全局和局部分类标签的相关性，提出了利用不同视图的互补信息进行编码并学习到视图的公共表征的模型。可见，现有基于分类任务的多视图学习方法研究侧重于学习视图间的融合表征。

2. 基于聚类任务的多视图学习

近年来诸多多视图特征学习方法的研究也扩展到了聚类任务中，该工作主要分为以下两类。

1）基于协同训练的多视图聚类

基于协同训练的多视图聚类方法又称为决策级融合。与基于子空间学习的多视图聚类算法不同的是，在该方法中，原视图特征不变，首先分别对原视图进行聚类，然后挖掘不同聚类结果的信息，实现融合不同视图的聚类结果。最早提出该方法的是基于协同训练的多视图k-means聚类算法，该方法在对第一个视图进行聚类时，使用原视图的聚类结果中的第二个视图的聚类结果进行k-means初始化聚类，通过不断迭代，最终实现对所有视图的聚类。另外，将该思路的k-means聚类改为谱聚类，还有研究者设计了一种基于协同训练的多视图谱聚类算法。但现有主要的聚类方法是对视图聚类信息的融合，模型改进工作应该结合提高多视图原始特征的表征能力。

2）基于子空间学习的多视图聚类

基于子空间学习的多视图聚类方法称为特征级融合。为了更清楚地介绍基于子空间学习的多视图聚类学习的研究现状，我们先对单视图子空间聚类进行简单介绍。

算法1：单视图子空间聚类

子空间聚类学习，又称为子空间的自表达学习。假设某样本数据集 $X = [x_1, x_2, \cdots, x_n] \in \mathbf{R}^{d \times n}$，该样本数据集中共 n 个样本向量，即每个样本向量 x_n 的特征维度为 n，共有 j 种类别。子空间聚类的原理将某样本向量 x_a 用其他样本向量线性组合表示，具体如下：

$$x_a = \sum x_b Z_{ab} \qquad (1-9)$$

式中，x_a 和 x_b 为样本向量，Z_{ab} 为特征向量 x_a 的自表达矩阵。

特别地，当 x_a 与 x_b 不属于一类，即不在同一子空间时，则 $Z_{ab} = 0$。我们称 Z_{ab} 为特征向量 x_a 的自表达矩阵。由此，给出子空间聚类的通用表示如下：

$$X = XZ + E \qquad (1-10)$$

式中，X 为原样本数据特征矩阵，E 为异常噪声数据，Z 为自表达矩阵。通过该式，原样本数据特征矩阵由自表达矩阵表示，并基于自表达矩阵进行子空间聚类。

子空间聚类过程如图 1-11 所示，该图为理想情况下的过程。由图可看出，自表达矩阵为对角块状结构，每个子块表示一类子空间，这样，数据被表示为不同的子空间结构，该数据集共有 j 类，因此有 j 个子块（子空间）。

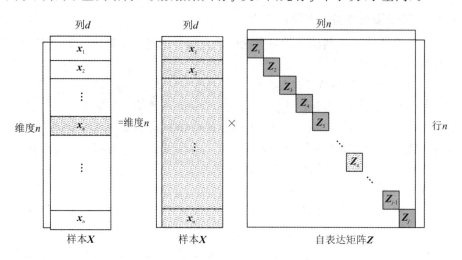

图 1-11　子空间聚类过程

图 1-11 中，Z_1，Z_2，$\cdots$，Z_j 为第 1，2，$\cdots$，j 类的自表达矩阵。

在学习自表达矩阵过程中需加入特定正则化项来约束目标函数以减少噪声数据的影响。常用的方法有稀疏表示、低秩表示和最小二乘回归方法。三类方法的目标函数设计如下：

（1）稀疏表示子空间的目标函数为

$$\begin{cases} \min\limits_{Z} L_r(X,XZ) + \alpha\Omega(E) = \min\limits_{Z,E} \|Z\|_1 + \lambda \|E\|_1 \\ \text{s. t.} \quad X = XZ + E, \text{diag}(Z) = 0 \end{cases} \quad (1-11)$$

式中，X 为原样本数据特征矩阵，E 为异常噪声数据，Z 为自表达矩阵，α 和 λ 为计算参数，min 为最小函数，$L_r(X,XZ)$ 表示求 X 和 XZ 的极大损失函数，$\Omega(E)$ 为计算复杂度函数。

稀疏表示首先假定矩阵是稀疏的。为了解决 l_0 范数的 NP 难问题，NP 的英文全称是 Non-deterministic Polynomial，即多项式复杂程度的非确定性问题，稀疏表示子空间方法中采用 l_1 范数实现 l_0 最优凸优化，而且也更容易求解。选择稀疏表示最主要的优点是实现了特征的自动选择。通常样本中无用特征会影响最终结果的预测，如果先对特征进行选择，将无效特征的权重置 0，则可以利用有效的特征和最小误差实现结果的预测。但稀疏表示方法是将数据独立对待，忽略了数据间相关性，如果数据本身的关联性强，则该方法效果好；但如果数据本身关联性弱，方法的效果将会大打折扣。

（2）低秩表示子空间的目标函数为

$$
\begin{cases}
\min_{Z} L_r(X, XZ) + \alpha\Omega(E) = \min_{Z,E} \mathrm{rank}(Z) + \lambda\|E\|_{2,1} \\
\qquad\qquad\qquad\qquad\qquad = \min_{Z,E} \|Z\|_* + \lambda\|E\|_{2,1} \\
\mathrm{s.t.} \qquad X = XZ + E
\end{cases}
\tag{1-12}
$$

式中，X 为原样本数据特征矩阵，E 为异常噪声数据，Z 为自表达矩阵，$\alpha > 0$ 为均衡因子，λ 为权衡参数，min 为最小函数，$L_r(X, XZ)$ 为计算 X 和 XZ 的极大损失函数，Ω 为正则化项，rank 为排序函数，$\|E\|_{2,1}$ 为矩阵 E 的 $l_{2,1}$ 范数，$\|Z\|_*$ 为矩阵 Z 的对偶范数。

低秩表示子空间方法解决了稀疏表示的不足，考虑到了数据本身的全局相关性，但未考虑局部关系。

（3）最小二乘回归子空间的目标函数为

$$
\begin{cases}
\min_{Z} L_r(X, XZ) + \alpha\Omega(E) = \min_{Z,E} \|Z\|_F^2 + \lambda\|E\|_F^2 \\
\mathrm{s.t.} \qquad X = XZ + E, \ \mathrm{diag}(Z) = 0
\end{cases}
\tag{1-13}
$$

式中，X 为原样本数据特征矩阵，E 为异常噪声数据，Z 为自表达矩阵，$L_r(X, XZ)$ 为计算 X 和 XZ 的极大损失函数，$\|E\|_F$ 为矩阵 E 的 F 范数 $\Omega(\cdot)$ 为正则化项，$\alpha > 0$ 为均衡因子，λ 为权衡参数，$\mathrm{diag}(Z)$ 表示将自表达矩阵 Z 构造成对角矩阵，非对角线元素均为 0。最小二乘回归采用 F-范数对表达矩阵进行约束，使得 Z 中的样本距离最小，不同子空间的样本距离最大，保证了相关性越高的数据越可能成为一簇。

算法 2：多视图子空间聚类

由单视图子空间聚类的原理可以看出，子空间聚类为了学习样本数据的子空间结构，需要对数据进行子空间自表示；主要思想是将样本矩阵分解为样本矩阵与自表达矩阵的乘积，实现同一空间中的样本的相互线性表示。那么如果样本数据是多视图数据，又是如何通过子空间聚类得到自表达矩阵呢？多视图子空间聚类主要是通过挖掘视图间的相似性和互补性信息从而得到公共子空间表征的，根据不同学习目标，构建具体的目标函数和特征约束项。具体过程如下：

给定多视图数据集 $X = \{X^{(1)}, X^{(2)}, \cdots, X^{(V)}\}$，$X^{(V)} = [x_1^{(n)}, x_2^{(n)}, \cdots, x_m^{(V)}]$，其中，$X^{(n)}$ 表示第 V 个视图的样本矩阵，$x_m^{(V)}$ 表示第个 V 个视图的样本矩阵中

的第 m 个样本向量。与单视图子空间聚类一样,假定该数据集存在 N 个不相关的子空间,那么,自学习模型与单视图子空间的原理一样,表示为

$$\boldsymbol{X} = \{\boldsymbol{X}^{(1)}, \boldsymbol{X}^{(2)}, \cdots, \boldsymbol{X}^{(V)}\} = [\boldsymbol{X}_1 \boldsymbol{Z}_1, \boldsymbol{X}_2 \boldsymbol{Z}_2, \cdots, \boldsymbol{X}_V \boldsymbol{Z}_V] = \boldsymbol{XZ} \quad (1-14)$$

式中,$\boldsymbol{X}$ 为原样本数据特征矩阵,$\boldsymbol{X}^{(1)}, \boldsymbol{X}^{(2)}, \cdots, \boldsymbol{X}^{(V)}$ 分别为第 $1, 2, \cdots, V$ 个视图的样本矩阵,$\boldsymbol{Z}$ 为自表达矩阵。

(1) 考虑视图间的相似性,多视图子空间聚类的目标函数为

$$\begin{cases} \min\limits_{\boldsymbol{Z}_v, \boldsymbol{E}_v, \boldsymbol{Z}} \sum\limits_{v=1}^{v} L(\boldsymbol{X}_v, \boldsymbol{X}_v \boldsymbol{Z}_v) + \alpha \sum\limits_{v=1}^{v} \|\boldsymbol{Z} - \boldsymbol{Z}_v\| \\ \text{s. t.} \quad \boldsymbol{X}_v = \boldsymbol{X}_v \boldsymbol{Z}_v + \boldsymbol{E}_v \end{cases} \quad (1-15)$$

式中,$\boldsymbol{X}_v$ 为第 v 个视图的样本集;$\boldsymbol{Z}_v$ 为第 v 个视图的子空间自表达矩阵;$\boldsymbol{E}_v$ 为第 v 个视图样本的重构误差矩阵;矩阵 $\boldsymbol{Z}$ 为全部视图的单视图子空间表达矩阵融合的子空间矩阵;α 是正则参数,控制 $\boldsymbol{E}_v$ 与子空间表示矩阵误差项间的权重。从式(1-15)中可以看出,加入融合矩阵 $\boldsymbol{Z}$ 和单视图的自表达矩阵 $\boldsymbol{Z}_v$ 误差约束项的最大的问题是:单个视图自表达矩阵 $\boldsymbol{Z}_v$ 中元素大小不同,导致用融合的子空间矩阵 $\boldsymbol{Z}$ 强制自表达矩阵 $\boldsymbol{Z}_v$ 与之对齐,会造成学习到的 $\boldsymbol{Z}$ 存在明显的结构缺失,从而影响聚类性能。

(2) 考虑视图间的互补性,多视图子空间聚类的目标函数为

$$\begin{cases} \min\limits_{\boldsymbol{Z}_v, \boldsymbol{E}_v} \sum\limits_{v=1}^{v} L(\boldsymbol{X}_v, \boldsymbol{X}_v \boldsymbol{Z}_v) + \alpha \Phi(\boldsymbol{Z}_v) \\ \text{s. t.} \quad \boldsymbol{X}_v = \boldsymbol{X}_v \boldsymbol{Z}_v + \boldsymbol{E}_v \end{cases} \quad (1-16)$$

式中,$\boldsymbol{X}_v$ 为第 v 个视图的样本集,$\boldsymbol{Z}_v$ 为第 v 个视图的子空间自表达矩阵,$\boldsymbol{E}_v$ 为第 v 个视图样本的重构误差矩阵,$L(\boldsymbol{X}_v, \boldsymbol{X}_v \boldsymbol{Z}_v)$ 为数据的误差项,$\Phi(\boldsymbol{Z}_v)$ 为子空间表示矩阵正则项,$\min$ 为最小函数。通过式(1-16),首先可得到单视图的子空间表征矩阵 $\boldsymbol{Z}_v$,然后融合为一个公共子空间矩阵 $\boldsymbol{Z}$。最常见的融合方法是求 $\boldsymbol{Z}_v$ 的平均值。通过设计目标函数中的正则项 $\Phi(\boldsymbol{Z}_v)$ 学习多视图间的互补信息。

总之,与单视图子空间聚类不同的是,通常多视图子空间聚类模型在利用目标函数学习自表达矩阵时,考虑到了视图间特征的一致约束性,即利用视图间的相关性信息进行自表达学习,随着数据的丰富,还需要考虑到视图间的差异互补性信息,从而使自表达矩阵更全面地表达视图间的各类关系。可以发现,其最终目标是利用包含更丰富信息的视图自表达矩阵完成聚类任务,换言之,可认为模型前端对视图特征学习的充分程度直接决定了后期的自表征学习。

综上，不难发现，多视图聚类学习的目的是将样本正确划分到所属的子空间中，如图 1-12 所示，为三个子空间的聚类示例。如图中所示，样本点 x_i 可由 K_1 空间中的两个样本点线性组合表示，那么该两个样本点共同构成了样本的 x_i 的自表示，也说明样本 x_i 属于第 K_1 类。在该方法中，假设数据所在的不同子空间是相互独立的，自表达是指样本能够用同一子空间中的其他样本线性组合来表示，同一子空间中样本相关性最强，不同子空间的样本之间相关性弱。为了学习数据的子空间结构，将样本矩阵分解为样本矩阵与自表达矩阵的乘积，然而由于噪声的干扰，自表达矩阵无法得到准确的子空间结构，需要采用特定正则化约束项得到合理的自表达矩阵。

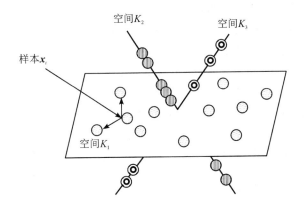

图 1-12　子空间聚类

稀疏表示和低秩表示子空间聚类算法是基于子空间学习的多视图特征学习的基本模型。近年来，相继提出了一系列改进方法，如稀疏样本自表达子空间聚类、低秩表示和加权核范数最小化的子空间聚类、基于块对角表示的子空间聚类方法等。Liu 等人提出基于非负矩阵分解的 MSCL 模型，将每个视图矩阵分解为每个视图对应的非负矩阵和系数矩阵的乘积，然后基于得到的系数表示矩阵进行 K-means 聚类；Gao 等人提出了将每个视图矩阵分解为视图的自表示系数矩阵，然后利用谱聚类理论设计目标约束项。Cao 等人提出多样性诱导的 MSCL 模型，利用希尔伯特-施密特独立性判别准则计算不同视图的自表达矩阵的差异性，学习到每个视图中的公共信息和互补信息；Zhang 等人提出一种多视图隐含子空间聚类学习模型（LMSC），该模型将每个视图分解为隐空间矩阵与投影矩阵的乘积，同时又将相似矩阵看作隐空间矩阵的自表达矩阵，将隐空间矩阵和自表达矩阵放在一个模型中学习，得到包含了视图相似性的隐空间表征矩阵。

1.4　应用挑战

近年来，多视图学习方法受到了很多领域的关注，也取得了一定的进展；但在多视图数据的融合表征研究中也充满了挑战和机遇，具体如下：

（1）多视图相关性程度对融合表征效果的影响有待分析论证。在多视图学习模型中常采用的是公开数据集，且很多成功模型均以学习视图最大相关性为目标实现多视图融合。随着多视图数据的应用领域越来越多、规模越来越大、结构越来越复杂，如何有效从多视图数据中挖掘出隐含的函数或非函数依赖关系、相关性程度对融合效果的影响，是融合数据模型设计的理论前提。

（2）深层高阶多视图特征有待挖掘与增强。异质性越强的视图蕴含了越丰富和更有意义的信息，且多视图数据中的图像、关系视图等特征存在部分与整体关系，传统特征学习方法不能满足复杂的视图特征及关系，因此学习深层高阶的多视图特征是多视图融合学习中的技术关键和难点。

（3）多视图融合机制单一。基于融合表征的多视图学习方法分为：前期、中期和后期融合。前期融合称为特征级融合，虽容易实现，但因缺少视图间关系信息的学习，效果不理想；中期、后期融合均考虑到视图协同学习，中期融合模型设计的核心是视图特征交叉补充学习得到单视图重构特征后再融合，如多核学习；后期融合模型是以学习多视图公共子空间、潜在表征空间为目标，根据具体任务（如学习视图间相关性、一致性等）设计目标函数，如 CCA-based 方法。充分利用 2～3 种以上融合机制来设计可提高模型的融合表征性能，这方面还有待进一步研究。

（4）如何有效学习视图内、视图间的关系。现有研究更多的是考虑视图相关性学习，然而视图间一致性、互补性信息对提高数据融合学习效果也起到决定性作用，如何同时学习视图内、视图间的各种关系是多视图数据学习的主要研究内容和重大挑战，若能解决该关键问题，将在很大程度上提升多视图数据的应用价值。

1.5　本章小结

本章首先介绍了多视图学习的研究背景和基础模型；然后从基于子空间学习的多视图学习、基于协同训练的多视图学习、基于多核学习的多视图学习、基于图模型的多视图学习、基于特定任务的多视图学习这五个方法介绍多视图学习的应用及研究现状，详细介绍了多视图学习的研究现状；最后介绍了多视图数据的融合表征研究面临的应用挑战，为理解后面章节中的模型原理的学习提供先验知识。

基于融合表征的多视图学习方法

第 2 章

基于多视图相关性与融合表征
效果的关联性分析方法

2.1 研究背景

多视图学习模型设计的目标是通过挖掘视图间丰富的关系信息学习公共特征矩阵,很多模型在设计中将视图间最大相关性作为学习目标。基于典型相关性分析的多视图子空间学习模型主要学习视图间最大相关性,基于多核学习的多视图学习方法将原始视图特征通过不同的核函数表示后,进行特征的最大相关性计算,实现多视图的融合。

在多视图学习模型设计中存在以下问题待榷:

(1)近年来多视图融合表征学习相关研究工作中常用的公开多视图数据集,其多视图特征间相关性测度尚未明确;

(2)在多视图学习模型中采用的大都是公开的多视图数据集,虽模型以学习视图最大相关性为目标实现了多视图融合,但数据集中视图相关程度对融合表征的分类效果的影响有待深入;

(3)多视图数据量庞大,但价值密度较低,常用的相关性分析方法很多,如何选择适合于多视图数据的相关性方法有待研究。

针对以上问题，本章从数据分析的实证角度，利用公开的多视图数据集，探索和分析了多视图特征的相关性、基于不同视图融合表征的分类差异性、视图相关程度对融合效果的关联性。本章研究内容如下：

（1）针对视图相关关系未知的问题，采用基于最大信息系数的快速并行实现算法（Rapid Computation of the Maximal Information Coefficient，RapidMIC），计算和挖掘不同数据集中多视图特征的相关性；

（2）针对不同视图融合效果的差异性未知问题，采用不同类型的子空间学习方法分别计算不同视图的融合表征并进行分类预测，挖掘视图融合效果的差异性；

（3）针对视图相关性对融合效果的影响程度未知问题，进行视图相关性与视图融合表征效果的关联分析，得出关联分析结论。

2.2　基础模型

为更好地理解本章提出的方法原理，下面将分别从算法原理和算法性能分析两个方面详细介绍与本章内容相关的两个基础模型——最大信息系数和典型相关性分析。

2.2.1　最大信息系数

TerenceP. Speed 在 *Science* 上提出，21 世纪是统计相关性学习的时代，数据统计相关性分析对挖掘数据隐含信息具有重要意义。数据统计相关性分析的常见方法有：皮尔逊（Pearson）相关系数、斯皮尔曼（Spearman）相关系数、肯德尔秩（Kendall Rank）相关系数等，目前已广泛应用于度量数据特征间的线性关系，但这些方法无法度量不同特征间的非线性关系。因此，研究者们相继提出了一系列改进方法，如：互信息（Mutual Information，MI）法用于变量间依赖性的度量；距离相关系数（Distance correlation coefficient）克服 Pearson 相关系数法的不足，实现了特征变量间非线性关系的度量；K -最邻近距离（KNN）解决了变量间的非线性回归问题。但以上方法均未有效度量特征变量间的非函数依赖关系。2011 年，哈佛大学 Reshef 等人首次在 *Science* 杂志上提出了一种基于信息论的最大信息系数（Maximal Information Coefficient，MIC）算法，不仅可以计算和度量变量间的线性相关和非线性相关性，而且可以挖掘变量间的非函数依赖关系；经验证该算法具有普适性和均匀性。近年来，MIC 算法广泛应用于多个领域应用，如：微生物学、工程故障分析、遗传学、疾病诊断等，在这些应用中利用该算法挖掘出了很多有趣和具有强参考性的相关关系。

下面介绍 MIC 算法原理。

1. 算法原理

MIC 算法的主要思想是：在多视图数据中，当两变量存在某种关联关系时，可将两视图看作两个变量，首先将具有两个特征的(视图)样本点分布在二维空间中，采用特定风格进行划分；然后根据网络中的边际概率密度函数和联合概率密度函数，计算该两变量的互信息值；最后采用全部划分方案中的最大互信息值作为两变量的最大信息系数 MIC，该值大小反映了两变量的相关性，直接用于衡量两视图特征的相关性程度。MIC 值越大，两视图特征相似度越高；反之，MIC 值越小，两视图特征相似度越小。

MIC 算法主要分为以下几步：

第 1 步：对样本 X、Y 构成的散点图进行网格划分。具体地，给定数据集 $D = \{(x_i, y_i), i = 1, 2, \cdots, n\}$，其中，$n$ 为数据维度。变量 x_i 与 y_i 中的联合样本点分布在二维空间中，将横轴和纵轴划分成 x 和 y 段，整个空间共有 $x \times y$ 个网格，称为网格 G，模型学习的目标是得到使互信息最大的网络划分方案。如图 2-1 所示，共列举出 2×2，2×3，3×3 三种网格划分方案，图中的 2×2 网格划分，共绘制了 3 种不同的网格，分别为 $G_1 \sim G_3$，但划分形式不止图中所示的这种。

第 2 步：求不同网格划分方案下的最大互信息值。

第 3 步：对互信息值归一化处理。

第 4 步：选择全部网格划分方案下的最大互信息值作为 MIC 值。

算法过程中第 2~4 步涉及如下一些名词定义。

定义 1 互信息。两变量的互信息计算标准如下：

$$I(x;y) = \int p(x,y) \text{lb} \frac{p(x,y)}{p(x)p(y)} \mathrm{d}x\mathrm{d}y \cong I[X;Y]$$

$$= \sum_{X,Y} p(X,Y) \text{lb} \frac{p(X,Y)}{p(X)p(Y)} \qquad (2-1)$$

式中，$I(x;y)$ 为变量 x 和 y 的互信息，$p(x,y)$ 为变量 x 和 y 的联合概率，lb 为以 2 为底的对数函数，$p(x)$、$p(y)$ 分别为变量 x、y 的概率。

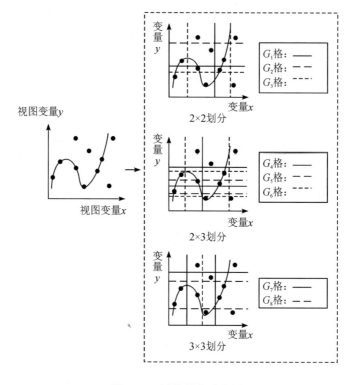

图 2-1　网格划分示意图

定义 2　最大互信息。两变量的互信息计算标准如下：

$$I_{\max}(D,x,y) = \max I(D|G) \qquad (2-2)$$

式中，$D|G$ 表示数据集 D 中的变量落入网络 G 中的概率分布。

首先固定网格划分数 x 和 y，通过改变网格划分位置，得到不同网格划分方案，即不同互信息值，然后从不同的网格划分方案中找到使互信息最大的网格划分方案。在网格划分时，需考虑两个因素：第一，网格划分的数量；第二，网格划分的位置。

定义 3　最大信息系数。两变量 x 和 y 的 MIC 计算标准如下：

$$\mathrm{MIC}(D) = \max_{xy \leqslant B(n)} \{M(D)_{x,y}\} \qquad (2-3)$$

其中，通过 $xy \leqslant B(n) \{B(n) = n^2\}$ 限制网格大小，进行划分区域，n 为数据维度。在上述公式中，$M(D)_{x,y}$ 为最大互信息的归一化，计算公式如下：

$$M(D)_{x,y} = \frac{I_{\max}(D,x,y)}{\log_{\min}\{x,y\}} \qquad (2-4)$$

式中，$\log_{\min}$ 表示对数最小函数值，$I_{\max}$ 表示最大互信息。

MIC 算法伪代码如表 2-1 所示。

表 2-1 MIC 算法

算法：最大信息系数 MIC 算法

输入：数据集 $D = \{(x_i, y_i), i = 1, 2, \cdots, n\}$，$B(n) \leqslant 3$

输出：变量 x 和 y 的关系值

1：for (x, y) such that $xy \leqslant B(n)$ do

2：   sort the x-value in ascending order，denote D

3：   Divide Y axis via equipartition，optimize X axis：
$$I_{x,y} \leftarrow \mathrm{MIC}_{\max}(D, x, y)$$

4：   sort the y-value in ascending order，denote D

5：   Divide X axis via equipartition，optimize y axis：
$$I_{y,x} \leftarrow \mathrm{MIC}_{\max}(D, x, y)$$

6： $M_{x,y} \leftarrow \dfrac{I_{x,y}}{\min\{\log x, \log y\}}$

7：end for

8：Return $\mathrm{MIC}(D) \leftarrow \max\{M_{x,y} : xy \leqslant B(n)\}$

定义 4　信息熵。假设事件 x_i 发生的概率为 $p(x_i)$，信息熵是对该事件发生的不确定性程度的度量，表达式如下：

$$H(X) = -\sum_{i=1}^{n} p(x_i) \log p(x_i) \tag{2-13}$$

定义 5　条件熵。条件熵表示在已知变量 X 的条件下，变量 Y 发生的不确定性。表达式如下：

$$H(Y|X) = -\sum_{i=1}^{n} p(x_i) H(Y|X = x_i) \tag{2-14}$$

互信息、信息熵、条件熵三者的关系可用图 2-2 形象地表示。

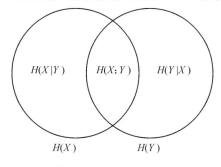

图 2-2　互信息、信息熵、条件熵的关系

图 2 - 2 中，$H(X)$ 为事件 x_i 的信息熵，$H(Y)$ 为事件 y_i 的信息熵，$H(Y|X)$ 是已知变量 X 情况下，变量 Y 的信息熵，$H(X|Y)$ 是已知变量 Y 情况下，变量 X 的信息熵，$I(X;Y)$ 为变量 X 和 Y 的互信息。

2. 算法性能分析

常用变量相关关系计算方法有：Pearson 相关系数、Spearman 相关系数、Kendall Rank 相关系数、互信息、距离相关系数，下面分别介绍各方法原理，并与本节采用的最大信息系数进行性能对比。

1）Pearson 相关系数

1895 年，为计算两变量的线性相关关系，Pearson 提出了 Pearson 相关系数，相关系数 r 的表达式如下：

$$r = \frac{\text{cov}(\boldsymbol{X}, \boldsymbol{Y})}{\sigma_{\boldsymbol{X}} \sigma_{\boldsymbol{Y}}} = \frac{\sum_{i=1}^{n} (\boldsymbol{X}_i - \overline{\boldsymbol{X}})(\boldsymbol{Y}_i - \overline{\boldsymbol{Y}})}{\sqrt{\sum_{I=1}^{n} (\boldsymbol{X}_i - \overline{\boldsymbol{X}})^2} \sqrt{\sum_{I=1}^{n} (\boldsymbol{Y}_i - \overline{\boldsymbol{Y}})^2}} \tag{2-5}$$

式中，r 的绝对值大小表示两变量的线性关系程度，取值范围为：$0 \leqslant |r| \leqslant 1$，取值越接近 1，表示两变量是强线性相关性；越接近 0，表示两变量不存在线性相关性或仅是弱线性相关性。该式中 $\text{cov}(\boldsymbol{X},\boldsymbol{Y})$ 为两变量 $\boldsymbol{X}$ 和 $\boldsymbol{Y}$ 的协方差，$\sigma_{\boldsymbol{X}}$ 和 $\sigma_{\boldsymbol{Y}}$ 分别为变量 $\boldsymbol{X}$ 和 $\boldsymbol{Y}$ 的标准差，$\overline{X}$、$\overline{Y}$ 分别为变量 $\boldsymbol{X}$ 和 $\boldsymbol{Y}$ 的均值。不难发现，Pearson 相关系数计算简单，但只能度量两变量的线性关系，结果容易受到奇异值的影响，鲁棒性较差，且变量需满足正态分布。

2）Spearman 相关系数

为解决 Pearson 相关系数易受奇异值影响的问题，1904 年，心理学家 Spearman 提出了 Spearman 相关系数，实现两变量的单调相关关系计算。具体计算变量 $\boldsymbol{X}$ 和 $\boldsymbol{Y}$ 的秩的 Pearson 相关系数，实现通过计算变量的秩来计算变量的关系，因此 Spearman 相关系数也称为秩相关系数。假设给定变量 $\boldsymbol{X} = \{x_1, x_2, \cdots, x_n\}$ 和 $\boldsymbol{Y} = \{y_1, y_2, \cdots, y_n\}$，且满足 $x_1 < x_2 < \cdots < x_n$ 和 $y_1 < y_2 < \cdots < y_n$，两变量排序后的秩分别为：R_x 和 Q_y，则变量 $\boldsymbol{X}$ 和 $\boldsymbol{Y}$ 的 Spearman 相关系数 ρ 的表达式如下：

$$\rho = \frac{\text{cov}(x_i, y_i)}{\sigma_{x_i} \sigma_{y_i}} = \frac{\sum_{i=1}^{n} (x_i - \overline{x})(y_i - \overline{y})}{\sqrt{\sum_{I=1}^{n} (x_i - \overline{x})^2} \sqrt{\sum_{I=1}^{n} (y_i - \overline{y})^2}} \tag{2-6}$$

式中，$\text{cov}(x_i, y_i)$ 为两变量 x_i 和 y_i 的协方差，σ_{x_i} 和 σ_{y_i} 分别为变量 x_i 和 y_i 的标准差，$\overline{x}$、$\overline{y}$ 分别为变量 x 和 y 的均值，ρ 的取值范围为：$-1 \leqslant \rho \leqslant 1$；当 ρ 为

基于融合表征的多视图学习方法

正，且越接近 1，说明两变量单调递增，而且强相关；当 ρ 为负，且越接近 -1，说明两变量单调递减，而且强相关。ρ 越接近 0，说明两变量相关性越弱。总之，虽然 Spearman 相关系数解决了 Pearson 相关系数易受奇异值影响的问题，无须满足正态分布，但无法计算非单调的函数关系。

3）Kendall Rank 相关系数

Kendall Rank 相关系数利用随机变量序对的一致性判断变量的相关性。假设两个变量 $\boldsymbol{X} = \{x_1, x_2, \cdots, x_N\}$，$\boldsymbol{Y} = \{y_1, y_2, \cdots, y_N\}$，那么 (x_i, y_i) 构成了一个变量序对，若 $(x_j - x_i)(y_j - y_i) > 0$，那么认为 (x_i, y_i) 方向一致，具有协同一致性，反之，若 $(x_j - x_i)(y_j - y_i) < 0$，认为 (x_i, y_i) 方向不一致，不具有协同一致性。通常计算 Kendall 相关系数 τ 时存在以下两种情况：

情况一：当变量 $\boldsymbol{X}$ 和 $\boldsymbol{Y}$ 取值中不存在相同元素，两变量的 Kendall 相关系数 τ 的表达式如下：

$$\tau_{\boldsymbol{XY}-a} = \frac{C - D}{N_0} \tag{2-7}$$

式中，N_0 为总序列对，$N_0 = \frac{1}{2}N(N-1)$，总变量数为 N，变量 $\boldsymbol{X}$ 和 $\boldsymbol{Y}$ 中所有序列对具有一致性的个数表示为 C，不一致的序列对个数表示为 D。

情况二：当变量 $\boldsymbol{X}$ 和 $\boldsymbol{Y}$ 取值中存在相同元素，两变量的 Kendall 相关系数 τ 的表达式如下：

$$\tau_{\boldsymbol{XY}-b} = \frac{C - D}{\sqrt{(N_3 - N_1)(N_3 - N_2)}} \tag{2-8}$$

式中

$$N_1 = \sum_{i=1}^{s} \frac{(U_i(U_i - 1))}{2} \tag{2-9}$$

$$N_2 = \sum_{i=1}^{s} \frac{(V_i(V_i - 1))}{2} \tag{2-10}$$

$$N_3 = \frac{1}{2}N(N-1) \tag{2-11}$$

以变量 $\boldsymbol{X}$ 为例，所有 $\boldsymbol{X}$ 中值相同的元素构成了一个集合，U_i 则表示该集合的元素数量，V_i 为变量 $\boldsymbol{Y}$ 中相同元素集合中元素的个数，总变量数为 N。

上述两种情况中，τ 取值范围均为：$-1 \leqslant \tau \leqslant 1$；当 $\tau = 1$ 时，表示两个变量具有完全一致等级的相关性；当 $\tau = -1$ 时，表示两变量等级相关性相反；当 $\tau = 0$ 时，表示两变量无相关性。

由于以上三种方法均无法计算变量的非线性关系，研究者们又相继提出了互信息 MI、距离相关系数两种方法，具体原理如下：

4）互信息（Mutual Information，MI）

在信息论中，互信息用于度量两变量的相关关系。给定事件 X 和 Y，互信息计算表达式如下：

$$I(X;Y) = H(Y) - H(Y|X) = \sum_{X,Y} p(X,Y) \mathrm{lb} \frac{p(X,Y)}{p(X)p(Y)} \quad (2-12)$$

式中，$I(X;Y)$ 为事件 X 和 Y 的互信息，$H(Y)$ 为事件 y_i 的信息熵，$H(Y|X)$ 是已知事件 X 下，事件 Y 的信息熵，$p(X,Y)$ 为事件 X 和 Y 的联合分布概率，$p(X)$ 为事件 X 的先验概率，$p(Y)$ 为事件 Y 的先验概率。

$I(X;Y)$ 值越大，表明事件 X 和 Y 越相关。

5）距离相关系数（Distance Correlation）

为解决 Pearson 相关系数无法计算变量间的非线性相关关系，2007 年，Gabor 提出了距离相关系数，主要根据距离方差、标准偏差、协方差推导。计算步骤如下：

第 1 步，计算变量 X 和 Y 中所有元素对的距离，计算公式如下：

$$a_{i,j} = \|X_i - X_j\|, i,j = 1,2,\cdots,n \quad (2-15)$$

$$b_{i,j} = \|Y_i - Y_j\|, i,j = 1,2,\cdots,n \quad (2-16)$$

式中，$a_{i,j}$ 为变量 X 中所有元素对的距离，$b_{i,j}$ 为变量 Y 中所有元素对的距离，X_i、X_j、Y_i、Y_j 为变量 X 和 Y 中的任意元素。

第 2 步，计算中心距离矩阵，计算公式如下：

$$A_{i,j} = a_{i,j} - \overline{a_{i.}} - \overline{a_{.j}} + \overline{a_{..}} \quad (2-17)$$

$$B_{i,j} = b_{i,j} - \overline{b_{i.}} - \overline{b_{.j}} + \overline{b_{..}} \quad (2-18)$$

式中，$A_{i,j}$ 为变量 X 的中心距离矩阵，$B_{i,j}$ 为变量 Y 的中心距离矩阵，$a_{i,j}$ 为变量 X 中第 i 行、第 j 列的和值，$\overline{a_{i.}}$ 为变量 X 中第 i 行的平均值，$\overline{a_{.j}}$ 为变量 X 中第 j 列的平均值，$\overline{a_{..}}$ 为变量 X 的距离矩阵的平均值，$b_{i,j}$ 为变量 Y 中第 i 行、第 j 列的和值，$\overline{b_{i.}}$ 为变量 Y 中第 i 行的平均值，$\overline{b_{.j}}$ 为变量 Y 中任意点和第 j 点的方向向量，$\overline{b_{..}}$ 为变量 Y 中任意两点的方向向量。

第 3 步，计算变量 X 和 Y 的协方差，计算公式如下：

$$\mathrm{dcov}_n^2(X,Y) = \frac{1}{n^2} \sum_{i,j=1}^{n} A_{i,j} B_{i,j} \quad (2-19)$$

式中，dcov 为计算变量 X 和变量 Y 协方差函数，n 为变量 X 和变量 Y 的总数，$A_{i,j}$ 为变量 X 的中心距离矩阵，$B_{i,j}$ 为变量 Y 的中心距离矩阵。

第 4 步，分别计算变量 X 和 Y 的距离方差，计算公式如下：

$$\mathrm{dvar}_n^2(X) = \mathrm{cov}_n^2(X,X) = \frac{1}{n^2} \sum_{i,k=1}^{n} A_{i,k}^2 \quad (2-20)$$

基于融合表征的多视图学习方法

$$\mathrm{dvar}_n^2(\boldsymbol{Y}) = \mathrm{cov}_n^2(\boldsymbol{Y},\boldsymbol{Y}) = \frac{1}{n^2} \sum_{i,k=1}^{n} \boldsymbol{B}_{i,k}^2$$

式中，$\mathrm{dvar}(\boldsymbol{X})$ 为计算变量 $\boldsymbol{X}$ 的方差函数，$\mathrm{dvar}(\boldsymbol{Y})$ 为计算变量 $\boldsymbol{Y}$ 的方差函数，$\mathrm{cov}(\boldsymbol{X},\boldsymbol{X})$ 为计算变量 $\boldsymbol{X}$ 和变量 $\boldsymbol{X}$ 协方差函数，$\mathrm{cov}(\boldsymbol{Y},\boldsymbol{Y})$ 为计算变量 $\boldsymbol{Y}$ 和变量 $\boldsymbol{Y}$ 协方差函数，$\boldsymbol{A}_{i,k}$ 为变量 $\boldsymbol{X}$ 的中心距离矩阵，$\boldsymbol{B}_{i,k}$ 为变量 $\boldsymbol{Y}$ 的中心距离矩阵，n 为变量 $\boldsymbol{X}$ 的总数。

第 5 步，计算变量 $\boldsymbol{X}$ 和 $\boldsymbol{Y}$ 的距离相关系数，计算公式如下：

$$R(\boldsymbol{X},\boldsymbol{Y}) = \mathrm{dcov}(\boldsymbol{X},\boldsymbol{X}) = \begin{cases} \dfrac{\mathrm{dcov}(\boldsymbol{X},\boldsymbol{Y})}{\sqrt{\mathrm{dvar}(\boldsymbol{X})\mathrm{dvar}(\boldsymbol{Y})}}; & \sqrt{\mathrm{dvar}(\boldsymbol{X})\mathrm{dvar}(\boldsymbol{Y})} > 0 \\ 0; & \sqrt{\mathrm{dvar}(\boldsymbol{X})\mathrm{dvar}(\boldsymbol{Y})} = 0 \end{cases}$$

$$(2-21)$$

式中，R 为距离相关系数函数，dcov 为计算变量的协方差函数，dvar 为计算变量的方差函数。其中，距离相关系数的取值范围均为：$0 \leqslant R(\boldsymbol{X},\boldsymbol{Y}) \leqslant 1$，当 $R(\boldsymbol{X},\boldsymbol{Y}) = 0$ 时，说明两变量相互独立；$R(\boldsymbol{X},\boldsymbol{Y})$ 越接近 1，表明变量相关性越强。

总之，Pearson 相关系数只适用于线性数据，Spearman 相关系数和 Kendall Rank 相关系数适用于线性数据和简单单调非线性数据，互信息、距离相关系数、MIC 同时适用于线性和非线性数据。Pearson 相关系数、Spearman 相关系数等都可以进行相关性计算，但得到相关系数精确解的计算量非常大，且不能有效计算非函数依赖的变量相关性。因此，为解决现有相关性计算方法中的不足，并借鉴互信息理论的优势，Reshef 提出了 MIC 算法。综上，两变量的相关系数计算方法的对比如表 2－2 所示。

表 2－2   两变量相关系数计算方法的对比

方法	计 算 表 达 式	是否标准化	计算复杂度	鲁棒性
Pearson 相关系数	$r = \dfrac{\mathrm{cov}(\boldsymbol{X},\boldsymbol{Y})}{\sigma_{\boldsymbol{X}}\sigma_{\boldsymbol{Y}}} = \dfrac{\sum\limits_{i=1}^{n}(\boldsymbol{X}_i-\overline{\boldsymbol{X}})(\boldsymbol{Y}_i-\overline{\boldsymbol{Y}})}{\sqrt{\sum\limits_{I=1}^{n}(\boldsymbol{X}_i-\overline{\boldsymbol{X}})^2}\sqrt{\sum\limits_{I=1}^{n}(\boldsymbol{Y}_i-\overline{\boldsymbol{Y}})^2}}$	是	低	低
Spearman 相关系数	$\rho = \dfrac{\mathrm{cov}(r_i,s_i)}{\sigma_{r_i}\sigma_{s_i}} = \dfrac{\sum\limits_{i=1}^{n}(r_i-\overline{r})(q_i-\overline{q})}{\sqrt{\sum\limits_{I=1}^{n}(r_i-\overline{r})^2}\sqrt{\sum\limits_{I=1}^{n}(q_i-\overline{q})^2}}$	是	低	中等

方　法	计 算 表 达 式	是否 标准化	计算 复杂度	鲁棒性
Kendall Rank 相关系数	$\tau_{XY-a} = \dfrac{C-D}{\dfrac{1}{2}N(N-1)}$ $\tau_{XY-b} = \dfrac{C-D}{\sqrt{(N_3-N_1)(N_3-N_2)}}$	是	低	中等
互信息	$I(\boldsymbol{X};\boldsymbol{Y}) = H(\boldsymbol{Y}) - H(\boldsymbol{Y}\mid\boldsymbol{X})$ $= \sum_{\boldsymbol{X},\boldsymbol{Y}} p(\boldsymbol{X},\boldsymbol{Y})\,\mathrm{lb}\,\dfrac{p(\boldsymbol{X},\boldsymbol{Y})}{p(\boldsymbol{X})p(\boldsymbol{Y})}$	是	中等	高
距离相 关系数	$R(\boldsymbol{X},\boldsymbol{Y}) = \mathrm{dcov}(\boldsymbol{X},\boldsymbol{X}) = \begin{cases} \dfrac{\mathrm{dcov}(\boldsymbol{X},\boldsymbol{Y})}{\sqrt{\mathrm{dvar}(\boldsymbol{X})\mathrm{dvar}(\boldsymbol{Y})}}; \\ 0; \end{cases}$	是	中等	高
MIC 最大信 息系数	$\mathrm{MIC}(D) = \max_{xy\leqslant B(n)}\{M(D)_{x,y}\} = \max_{xy\leqslant B(n)}\left\{\dfrac{I_{\max}(D,\boldsymbol{x},\boldsymbol{y})}{\log_{\min}\{\boldsymbol{x},\boldsymbol{y}\}}\right\}$	是	低	高

3. MIC 算法之优点

通过以上不相关性计算方法的原理剖析与对比，结合本章多视图数据相关性的问题背景，将 MIC 算法优点总结如下：

（1）普适性。多视图数据的数据规模很大，视图间存在符合特定函数的关系（如线性、指数函数等）或非特定函数的关系，可见视图间复杂的相关关系不能通过某一特定的函数直接表示。因此，多视图数据的特点决定了其需要选择一种既可以计算视图特征间的关系程度，又可以克服各类视图特征的关系不确定性问题的算法。MIC 算法的提出正好为多视图数据的关系计算提供了思路，MIC 既可以挖掘出大规模数据中隐含的、有意义的关联关系，又不局限于某种特定（如线性或非线性）的函数类型。

（2）均匀性。多视图数据中存在噪声数据，已有相关研究证明，当数据中加入不同程度的噪声数据，计算得到的变量间 MIC 值改变很小，说明随着噪声的增加，得到数据的相关关系 MIC 值未受影响，MIC 算法能够计算出相近的相关系数。

2.2.2　典型相关性分析

2015 年，李国杰院士提出，大数据的复杂性主要体现在数据间的相互关联性，需要建立数据多模态的关系下的数据分布模型；2020 年，程学旗教授提出可以从数据的质量、多样性、复杂性等多个维度出发，以数据作为研究对象开展科学化研究。基于该思路，2.2.1 节从数据本身入手分析了两视图特征间的相关性计算的方法，本节则重点介绍将两个视图直接融合表示的方法。

1. 算法原理

典型相关性分析（CCA）和深度典型相关性分析（DCCA）是经典的两视图子空间学习方法，本章分别采用这两种方法进行两两视图的融合表征学习。两种算法的原理如下：

1）CCA 算法

CCA 算法就是从两视图特征中提取最有代表性的两个综合变量 $w_1'X_1$ 和 $w_2'X_2$，通过对两视图数据的特征相关性的学习实现融合的目的。给定数据样本 X_1 和 X_2，X_1 和 X_2 分别为两视图特征，样本的自协方差矩阵为 Σ_{11} 和 Σ_{22}，互协方差矩阵为 Σ_{12}。计算目标是寻找样本 X_1 和 X_2 的投影方向 w_1' 和 w_2'，使得投影后的向量 $w_1'X_1$ 和 $w_2'X_2$ 相关性最大，计算公式如下：

$$
\begin{aligned}
(w_1^*, w_2^*) &= \underset{w_1, w_2}{\arg\max}\ \mathrm{corr}(w_1'X_1, w_2'X_2) \\
&= \underset{w_1, w_2}{\arg\max} \frac{w_1'\Sigma_{12}\ w_2}{\sqrt{w_1'\Sigma_{11}\ w_1\ w_2'\Sigma_{22}\ w_2}}
\end{aligned}
\tag{2-22}
$$

式中，argmax 是对函数求参数（集合）的函数，corr 是计算变量相关性的函数，w_1' 和 w_2' 是样本 X_1 和 X_2 的投影向量，Σ_{11} 和 Σ_{22} 分别为样本 X_1 和 X_2 的自协方差矩阵。

可见，CCA 是首先从两视图特征中提取最有代表性的两个综合变量 $w_1'X_1$ 和 $w_2'X_2$，然后利用两个综合变量的相关关系来表示数据的整体相关性。

2）DCCA 算法

DCCA 算法是 CCA 算法和深度网络的结合，先利用深度神经网络重构视图表征，再利用 CCA 进行约束规则化。在保证寻找投影向量最大相关性的前提下，计算出两视图数据的非线性相关性。优化目标函数如下：

$$
(\theta_1^*, \theta_2^*) = \underset{(\theta_1, \theta_2)}{\arg\max}(f_1(X_1; \theta_1), f_2(X_2; \theta_2))
\tag{2-23}
$$

$$
(\theta_1^*, \theta_2^*) = \underset{(\theta_1, \theta_2)}{\arg\max}(f_1(X_1; \theta_1), f_2(X_2; \theta_2))
\tag{2-24}
$$

式中，θ_1^*、θ_2^* 为模型参数的最优解，θ_1 和 θ_2 为模型参数，argmax 是对函数求参数（集合）的函数，X_1 和 X_2 为样本。

在 DCCA 模型中，视图两个特征利用不同的神经网络进行表征，首先输出新表征，然后利用传统 CCA 进行约束规则化。

2. 算法性能分析

两种算法的性能对比如表 2-3 所示。

表 2-3　基于 CCA 的两种算法的性能对比

方　　法	视图数量	是否单视图非线性表征	是否深度网络	模型组成结构
典型相关性分析	2	否	否	CCA
深度典型相关性分析	2	是	是	深度模型＋CCA

2.3　方法描述

　　随着技术发展，在 MIC 算法基础上，2014 年，Dongming Tang 等人提出了一种基于 MIC 的快速并行实现算法（Rapid computation of the Maximal Information Coefficient，RapidMIC）。该算法能快速进行数据间的相关性计算，与 MIC 算法相比，RapidMIC 算法具有更高的计算性能，可方便、高效地应用于各领域数据的相关性计算任务。因此，结合多视图数据具有变量多、结构差异大、函数依赖关系复杂等特点，本章提出视图相关性与视图融合表征效果的关联分析，关联分析模型如图 2-3 所示，主要步骤如下：

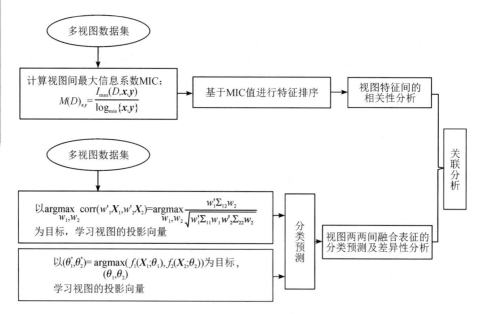

图 2-3　关联分析模型

　　第 1 步：从数据本身入手，利用 RapidMIC 算法分别计算视图两两间的最大信息系数值 MIC，实现多视图特征相关性的学习。

第 2 步：分别利用子空间学习方法 CCA 和 DCCA 学习视图两两间的融合表征，基于融合表征进行分类预测，得到不同视图在两种融合方法下的融合结果。

第 3 步：通过视图相关性计算结果与融合结果的关联性分析，探索多视图相关性对融合表征效果的影响，从结果中发现隐含现象。

2.4　应用案例

为应用本章方法，下面将从方案设计、数据集、运行设置与环境、评测标准、视图相关性计算结果与分析、基于融合表征的分类结果与分析、相关性与融合效果的关联性分析等七个部分展开介绍。

2.4.1　方案设计

本章研究的问题是挖掘视图相关性与视图融合效果的关联关系，基于该问题，设计方案分成两部分：相关性计算和融合表征并分类。方案设计框图如图 2-4 所示。

1）第一部分

基于 RapidMIC 算法的视图 MIC 值计算，主要工作及研究的问题如下：

（1）分别计算视图两两间的 MIC 值。

（2）分析不同数据集下，不同视图两两间MIC 值的差异性，挖掘视图数据特征相关性的知识。

2）第二部分

根据两种子空间学习方法 CCA 和 DCCA的原理及应用的综合对比，结合视图两两间的

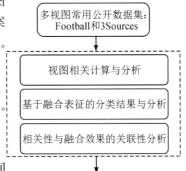

图 2-4　方案设计框图

融合效果需求，分别采用经典的 CCA 方法和加入深度学习的 DCCA 方法进行融合表征分类。主要工作及重点研究的问题如下：

（1）首先分别采用不同方法学习视图两两间的融合表征，然后基于融合表征进行分类预测，得出分类结果。

（2）挖掘不同子空间学习方法学习性能的共性和差异性，分析不同视图融合效果的差异性。

3）综合

结合设计方案的两个部分，探索与分析视图相关性与融合表征效果的关联性，以及视图相关性对融合表征效果的影响。

2.4.2　数据集

本章选择规模相近、类别和视图数差异性大的 Football、3 Sources Dataset 两个多视图数据集进行方法应用。数据集的主要指标如表 2-4 中所示。

表 2-4　数据集情况介绍

数据集	类别	视图数量	视图特征
Football	20	9	BBC Sports、Reuters、The Guardian
3 Sources	6	3	followed by、follows、list-merged 500、lists500、mentioned by、mentions、re-tweeted by、re-tweets、tweets500

数据集具体情况如下：

（1）3 Sources。该数据集是多视图文本数据集，来源于 3 个新闻网络平台，分别为：BBC Sports，Reuters，The Guardian，包含了 2009 年 2 月至 4 月的 416 条新闻，3 个网络平台作为 3 个视图。其中，169 条被 3 个网络平台报道，194 条被 2 个网络平台报道，53 条被 1 个网络平台报道。每个故事都被手工标注了 6 类标签，分别为：商业、娱乐、健康、政治、体育和科技。

（2）Football。该数据集为 twitter 上的 248 名英超足球运动员的活跃信息，共包括 9 个视图：followed by、follows、list-merged 500、lists500、mentioned by、mentions、re-tweeted by、re-tweets 和 tweets500。其中，第 1、2、5、6、7、8 视图为关系网络，第 9 视图为文本，第 3 和 4 视图为 IDs。以上运动员来自 20 个俱乐部，为该数据集对应的 20 类标签。

2.4.3　运行设置与环境

（1）RapidMIC 运行：算法仿真实现中计算机配置环境是四核 Inter Core i5 处理器，8GB 内存，256GB 闪存，MacOS 系统。

（2）CCA-based 运行：算法仿真实现中计算机配置环境是四核 Inter Core i5 处理器，8GB 内存，256GB 闪存，MacOS 系统，仿真软件为 python 3.7。

2.4.4　评测标准

（1）在 RapidMIC 算法中，评测指标为 MIC，其表示视图间的相关性程度，

基于融合表征的多视图学习方法

值越高，表明视图相关性越强。

（2）在典型相关性分析方法中，利用模型学到融合表征进行分类预测，采用分类综合性能指标 F1 作为评测标准。计算方法如下：

$$F1 = \frac{1}{m} \sum_{i=1}^{m} F1_i \qquad (2-25)$$

$$F1_i = \frac{2PR}{P+R} \qquad (2-26)$$

$$P = \frac{TP}{TP+FP} \qquad (2-27)$$

$$R = \frac{TP}{TP+FN} \qquad (2-28)$$

式中，F1 为分类综合性能指标，m 为数据分类标签的数量，$F1_i$ 为每类标签的 F1 值，P 为准确率，R 为召回率，TP 表示被正确地划分为正例的数据个数，FP 表示被错误地划分为正例的数据个数，FN 表示被错误地划分为负例的数据个数。

2.4.5 视图相关性计算结果与分析

在 Football、3 Sources 数据上计算所得的 MIC 值分别如表 2-5、图 2-5 所示。表 2-5 为同视图间的 MIC 平均值，其中，字体加粗的数值为最高值；图 2-5 为视图两两间的 MIC 值可视化。首先以视图（0，*）为例，分别计算视图 0 与视图 1～8 的 MIC 值，然后求平均值。

（1）由表 2-5 结果发现，在 Football 数据集上，视图（2，*）和视图（3，*）比视图（4，*）提高了约 32.7% 和 29.1%，视图（2，*）和视图（3，*）比视图（0，*）提高了约 1.1 倍和 1.06 倍。在 3 Sources 数据集上，视图（1，*）分别比视图（0，*）和视图（0，*）提高了约 2.5% 和 10.9%。说明 Football 数据集中，两视图最大信息系数平均值差异性较大，在 3 Sources 数据集中，两视图最大信息系数平均值差异性较小。

表 2-5 在两个数据集上，不同视图间的最大信息系数平均值

数据集	视图	平均值	视图	MIC 平均值	视图	平均值
	视图（0，*）	0.368	视图（3，*）	**0.779**	视图（6，*）	0.429
Football	视图（1，*）	0.503	视图（4，*）	0.587	视图（7，*）	0.407
	视图（2，*）	0.758	视图（5，*）	0.412	视图（8，*）	0.405
3Sources	视图（0，*）	0.356	视图（1，*）	**0.365**	视图（2，*）	0.329

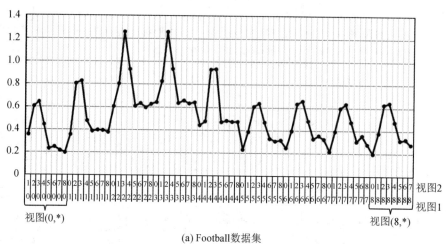

(a) Football数据集

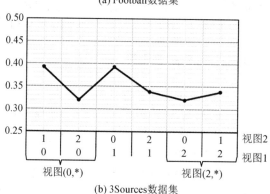

(b) 3Sources数据集

图 2-5　在两个不同数据集上，不同视图间的最大信息系数值可视化

（2）从图 2-5 中可见，在 Football 数据集上，任意两个视图的相关性差异明显，并发现视图（2，＊）和视图（3，＊）的最大信息系数值整体高于其他视图，而在 3 Sources 数据集上，任意两两视图的相关性差异不明显，视图（1，＊）的最大信息系数值略高于其他视图。

2.4.6　基于融合表征的分类结果与分析

基于融合表征模型学习到的表征矩阵进行分类任务，在 Football 数据集和 3Sources 数据集上的分类结果 F1 如表 2-6、表 2-7 所示。其中，表中视图（1，＊）表示视图 1 分别与视图 2～8 两两进行表征融合后的分类结果 F1 的平均值。从中发现：

（1）在 Football 数据集上，基于深度典型相关性分析（DCCA）算法学习到融合表征的分类结果 F1 值均高于基于典型相关性分析（CCA）算法学习到融合表征的分类结果，且 DCCA 的分类结果稳定，CCA 的分类结果差异性较大，除视图(1，*)和视图(7，*)的 F1 较高外，其他视图明显偏低。说明在该数据集上，DCCA 较 CCA 的性能更优。

（2）在 3Sources 数据集上，对于 DCCA 和 CCA 两个算法，平均 F1 值最高的视图均为视图(0，*)和视图(2，*)，但在 Football 数据集上，分类结果最优的是 CCA。说明相同模型在不同数据集上的性能相异，原因可能与数据本身的相关性有关系。今后需进一步挖掘视图相关性与融合效果的关联性。

表 2-6　在 Football 数据集上，不同视图融合表征的分类结果

视图	算法	平均 F1 值	视图	算法	平均 F1 值
视图(0，*)	典型相关性分析	0.2529	视图(0，*)	深度典型相关性分析	0.2774
视图(1，*)		0.2643	视图(1，*)		0.2793
视图(2，*)		0.1656	视图(2，*)		0.2795
视图(3，*)		0.1657	视图(3，*)		0.2716
视图(4，*)		0.1708	视图(4，*)		**0.2816**
视图(5，*)		0.1627	视图(5，*)		0.2777
视图(6，*)		0.2323	视图(6，*)		0.2539
视图(7，*)		0.2736	视图(7，*)		0.2776
视图(8，*)		0.2270	视图(8，*)		0.2694

表 2-7　在 3Sources 数据集上，不同视图下不同算法的分类结果

视图	算法	平均 F1 值	视图	算法	平均 F1 值
视图(0，*)	典型相关性分析	**0.4240**	视图(0，*)	深度典型相关性分析	0.4068
视图(1，*)		0.3674	视图(1，*)		0.3954
视图(2，*)		0.3709	视图(2，*)		**0.4143**

表 2-6、表 2-7 中，字体加粗的数值为最高值。

2.4.7　相关性与融合效果的关联性分析

为探索不同视图相关性与融合效果的关联性，将全部结果汇总进行可视化处理，图 2-6(a)、(b)和图 2-7(a)、(b)为均值的可视化，图 2-6(c)和图 2-7(c)为两两视图全部计算结果的可视化。

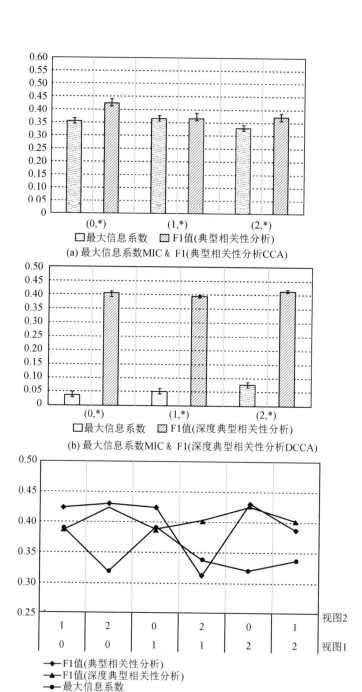

(a) 最大信息系数MIC & F1(典型相关性分析CCA)

(b) 最大信息系数MIC & F1(深度典型相关性分析DCCA)

(c) 在两两视图下，最大信息系数MIC & 两类相关性分析方法

图 2-6 在 3 Sources 数据集上，视图相关程度与视图融合效果的对比

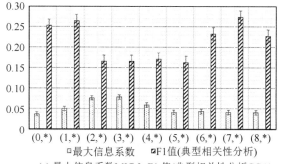

(a) 最大信息系数MIC & F1 值(典型相关性分析CCA)

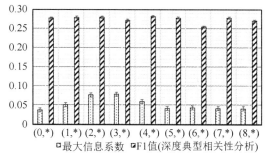

(b) 最大信息系数MIC & F1 值(深度典型相关性分析DCCA)

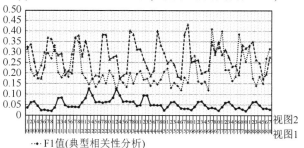

(c) 在两两视图下, 最大信息系数&两类相关性分析方法

图 2 - 7　在 Football 数据集上, 视图相关程度与视图融合效果的对比

从图 2 - 6 和图 2 - 7 中发现:

(1) 在 CCA 和 DCCA 中, 视图相关性与视图融合效果关联性较强, 即 MIC 值越低, F1 值越高, 视图关系越弱, 融合后分类效果越好。但 DCCA 受视图相关性影响较小, 说明深度学习削弱了视图相关性对融合效果的影响。

(2) DCCA 性能优于 CCA, 说明在 DCCA 中加入深度特征学习能够学习到更丰富的信息, 使融合表征更具区分性。

为提升多视图学习模型的学习性能，得出如下结论：

（1）学习视图最大相关性固然重要，但学习视图深度和差异性特征更有价值。

（2）基于深度学习模型的视图特征学习的应用有待进一步研究。

2.5　本章小结

相关性计算是挖掘数据变量间关联性和度量变量间相关程度的关键技术，能帮助研究者更好地了解和分析研究对象，进而为具体任务提供有价值的数据分析信息。多视图数据中每个视图可看作是独立变量，视图间关系分析是变量相关性分析的扩展。随着多视图数据的应用领域越多、规模越大、结构越复杂，本章从多视图数据入手展开视图相关性和视图融合效果的关联性分析研究。针对视图相关程度对基于视图融合表征的分类预测效果的影响挖掘问题，从数据分析的实证角度，对公开多视图数据集，分别采用 RapidMIC 计算视图相关性和采用融合表征模型计算表征矩阵进行分类预测，然后对两个结果进行关联分析，深入挖掘了不同数据集中多视图特征相关性和视图融合效果差异性，探索了视图相关程度对融合表征的分类预测的影响。

通过结果对比分析，得到以下主要结论：

（1）视图相关性与视图融合效果关联性较强；

（2）DCCA 受视图相关性影响较小，深度学习削弱了视图相关性对融合效果的影响；

（3）DCCA 中加入了深度特征学习后能够学习到更丰富的视图信息，使融合表征更具区分性。为提升多视图学习模型的学习性能，提出了今后模型设计的建议：学习各视图深层次、差异性特征更有价值。

第 3 章

基于双反馈机制的多视图相关性增强表征学习方法

3.1 研究背景

多视图数据中蕴含了丰富的信息,不仅不同视图间存在相关性、一致性和互补性关系,而且单个视图内隐含了独特的差异性信息。在多视图融合学习过程中,如果同时挖掘到视图内和视图间的有价值信息,模型的学习性能将表现更优。当前,大多数研究者提出的多视图学习方法主要学习多视图相关性关系,多视图子空间学习是最具代表性的多视图相关性学习方法之一。近年来,研究者们提出了很多多视图学习的改进方法,如:深度相关性分析方法(DCCA)、深度广义相关性分析方法(DGCCA)、半配对半监督的广义相关分析方法(S^2GCA)、基于标签传播的半监督典型相关性分析方法(LPbSCCA)、代价敏感的半监督典型相关分析方法(CS^3CCA)等等。然而,多视图子空间学习方法仍存在以下不足,具体如下:

(1)对于挖掘多视图数据而言,研究者们已证实利用视图间相关性可提高多视图公共特征的提取能力,但在学习融合表征方法中,若以学习原始高维多视图特征的最大相似性为目标，难以保留多视图数据的原有的有价值信息。

（2）最新有研究者提出了深度广义相关性分析方法 DGCCA，该方法的设计思路是先利用传统的神经网络学习单视图的深度特征，再利用传统广义相关性分析方法 GCCA 学习融合表征，实验证明，该方法较深度相关性分析方法 DCCA 的性能有所提高。但是，在 DGCCA 方法中，神经网络只能学习底层神经元到高层神经元的信息，没有学习到特征间的空间关系，在数据学习过程丢失了大量有价值信息。

（3）尚未有研究者提出同时学习视图内高价值特征和视图间关系的多视图学习方法，视图内部的判别性特征对多视图数据融合学习的意义有待验证。

为解决以上三个不足，本章提出一种基于双反馈机制的多视图子空间学习方法（Multi-view Subspace Learning With Dynamic Double Feedback mechanism，MSL-DDF），该方法在广义相关性分析方法学习多视图公共空间的基础上，采用胶囊网络的动态路由机制挖掘每个单视图中隐含的独特特征，在融合学习的目标函数中加入融合矩阵与网络线性变换输出矩阵之差最小的约束，通过两步权重更新操作，实现特征的双反馈学习，提升融合表征的可判别性。

本章主要内容组织如下：第 3.1 节介绍研究背景；第 3.2 节介绍本章研究涉及的基础模型；第 3.3 节进行方法描述；第 3.4 节介绍应用案例；第 3.5 节对本章进行小结。

3.2 基础模型

为了更好地理解本章提出方法的原理，下面将介绍与本章内容相关的三个基础模型：卷积神经网络、胶囊网络和深度广义相关性分析方法的原理。

3.2.1 卷积神经网络

卷积神经网络（Convolutional Neural Network，CNN）结构包括五个网络层，分别为：输入层、卷积层、池化层、全连接层和输出层。假设输入特征矩阵为 32×32，CNN 模型学习过程示意图如图 3-1 所示。从图 3-1 中可以看出 CNN 与人工神经网络（Artificial Neural Network，ANN）不同的是加入了卷积层和池化层，图中全连接层和分类输出层与 ANN 计算过程一样。下面重点介绍卷积层和池化层的计算过程。

基于融合表征的多视图学习方法

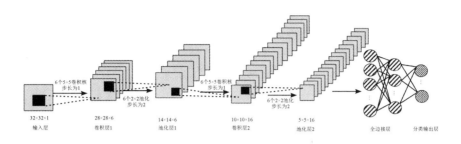

图 3-1　CNN 模型过程示意图

1. 卷积层

卷积神经网络与人工神经网络的最大不同是加入了卷积运算，实现了特征的提取。卷积运算不仅降低了网络模型的复杂度，而且减少了权值数量。卷积运算过程简化示意图如图 3-2 所示。首先，将神经元表示成二维特征映射的形式。假设输入特征矩阵为 $5×5$，为了得到下一层神经元的表示，需要可训练的权重矩阵，权重矩阵称为卷积核或滤波器，假定卷积核为 $3×3$ 矩阵，卷积核从左向右以步幅为 1 移动，依次对输入矩阵与卷积矩阵进行点对点的相乘求和，得到新的神经元输出矩阵为 $3×3$。特别地，在实际任务中卷积层运算相应地给每一个特征值赋权值，但仍属于线性运算，因此在卷积运算后加入偏置变量 b，使得卷积运算变为非线性运算。然而不同的卷积核在特征学习过程的作用也不同，通常研究者们会先预设定一个卷积核，卷积矩阵中的权值需要通过网络误差反向传播算法不断训练出来。因此，越靠近输入端的卷积层提取的是基础特征，随着卷积层数的不断增加，提取出的特征也越抽象。

特别地，假设卷积前的输入矩阵为 $W_1×H_1$，卷积核矩阵为 $F×F$，卷积核步长为 S，卷积后的输出矩阵为 $W_2×H_2$，满足：$W_2 = \dfrac{(W_1-F+2P)}{S}+1$，$H_2 = \dfrac{(H_1-F+2p)}{S}+1$。其中，$P$ 为零补充（Zero Padding）的数量，零补充是指在原始输入特征周围补 0，当补一圈 0 时，则 P 的值为 1。

2. 池化层

卷积神经网络中的池化层也称为下采样层，主要是处理卷积后的特征矩阵，去掉不重要的样本，实现降维。池化包括最大池化（Max Pooling）、平均池化（Average Pooling）和随机池化（Stochastic Pooling），其中，最大池化是将局部特征区域内最大值作为池化采样值，可见平均池化能够从每个采样区域内提取到最显著的特征，保留了数据的显著特征，而平均池化是将局部区域的值进行平均，能够有效保留全局特征信息，保留了数据的整体特征。在相关研究工作中，最常使用的是最大池化。以输入为4×4的特征矩阵为例，池化窗口为2×2，步长为1，最大池化和平均池化过程如图3-3所示。

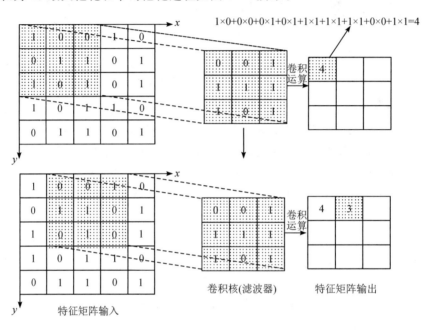

图3-2 卷积运算过程简化示意图

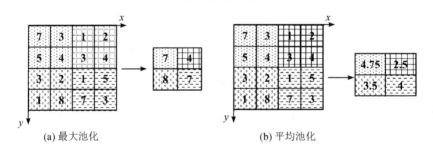

(a) 最大池化   (b) 平均池化

图3-3 池化过程

近年来，CNN广泛应用于各领域的数据特征学习中，如自然语言学习、图像识别、语音识别等。随着CNN卷积层的不断加深，卷积层可逐步提取基础特征（如轮廓、边界等）到深层抽象特征，再通过池化操作提炼最重要特征，降低特征维度，最后将提取出的特征进行全连接运算和分类。随着研究的深入，研究者们也发现了 CNN 存在明显局限性，主要如下：

第一，网络输入输出均为标量，只能表征特征是否存在，无法表达特征间的空间关系。以图像识别为例，人脸中每个部位的空间位置对于人脸的识别具有重要的作用，假如人脸图片旋转后，CNN 将无法学习到正常的五官特征，导致识别准确率下降。

第二，池化操作比较简单粗暴，在很大程度上会丢失部分重要特征。

3.2.2 胶囊网络

为解决 CNN 存在的以上不足，2017 年，Hinton 等人提出了全新的神经网络结构——胶囊网络。本节重点介绍胶囊网络的结构，剖析 CNN 与胶囊网络结构的优缺点。

胶囊网络与 CNN 网络主要的不同是引入了"胶囊"概念，胶囊是由一组神经元组成的向量，该向量的模长表示实体对象中某一部分特征存在的概率，向量的方向表示实体对象的各类属性，如角度、位置、大小、颜色等。简而言之，CNN 使用的标量形式的神经元只能表示实体存在的概率，而胶囊网络采用向量形式的神经元，不仅能表示实体存在的概率，而且能表示该实体不同特征的相关属性。此外，卷积神经网络采用最大池化操作提取高级别特征会丢失部分位置信息，胶囊网络采用动态路由算法，同时使用转换矩阵实现部分和整体之间的内在空间关系的编码，更好地保留了实体与实体的空间位置信息。因此，胶囊网络具有更强的表征学习能力，具有符合人类神经系统的认知过程，近年来成为研究热点。

胶囊网络具体原理如下：

胶囊网络结构示意图如图 3-4 所示。图 3-4 中第 1 步与传统卷积神经网络的卷积运算一样，通过 256 个 9×9 的卷积核，得到 20×20×256 的特征矩阵。第 2 步和第 3 步操作与 CNN 有明显区别，采用 8 组卷积核生成 8 组特征图，丰富了特征，并将 8 组特征图展开成一维向量表示，得到 1152 个胶囊向量，其作为动态路由算法的输入，实现了标量到向量的转化，而 CNN 在整个运算过程中一直是标量形式。第 4 步和第 5 步为动态路由算法过程，图 3-4 中激活向量的模长大小表示预测结果。动态路由的原理在这里不再进行赘述，在第 3.3.3 节方法描述中将结合本章模型详细介绍动态路由原理。

CNN 和胶囊网络对比如表 3-1 所示，由表可看出，两种网络结构的主要区别是网络中基本单元形式不同，卷积神经网络中基本单元为标量，胶囊网络中基本单元为向量，胶囊网络利用向量实现了更丰富、更具体的信息表达。

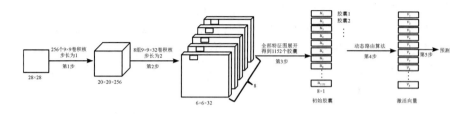

图 3-4 胶囊网络结构

表 3-1　CNN 与胶囊网络对比

网络		CNN	胶囊网络
输入形式		标量	向量
具体过程	矩阵变换	—	$\hat{\boldsymbol{u}}_{j\mid i} = \boldsymbol{W}_{ij}\,\boldsymbol{u}_i$
	加权	$a_j = \sum_i W_i\,x_i + b$	$\boldsymbol{S}_j = \sum_i c_{ij}\,\hat{\boldsymbol{u}}_{j\mid i}$
	求和		
	非线性变换	$h_{w,b}(x) = f(a_j)$	$\boldsymbol{v}_j = \dfrac{\lVert \boldsymbol{s}_j \rVert^2}{1 + \lVert \boldsymbol{s}_j \rVert^2}\dfrac{\boldsymbol{s}_j}{\lVert \boldsymbol{s}_j \rVert}$
输出		标量（h_j）	向量（$\boldsymbol{v}_j$）

表 3-1 中的各公式变量解释如下：

$$\hat{\boldsymbol{u}}_{j\mid i} = \boldsymbol{W}_{ij} \boldsymbol{u}_i$$

上式中，$\hat{\boldsymbol{u}}_{j\mid i}$ 为预测向量，$\boldsymbol{W}_{ij}$ 为权重矩阵，$\boldsymbol{u}_i$ 为上一层胶囊的预测向量。

$$\boldsymbol{S}_j = \sum_i c_{ij}\,\hat{\boldsymbol{u}}_{j\mid i}$$

上式中，$\boldsymbol{S}_j$ 为新得到的胶囊，c_{ij} 为耦合系数，在动态路由算法过程，该系数不断更新，表示上一层胶囊对于生成下一层各胶囊的贡献度。

$$\boldsymbol{v}_j = \frac{\lVert \boldsymbol{s}_j \rVert^2}{1 + \lVert \boldsymbol{s}_j \rVert^2}\frac{\boldsymbol{s}_j}{\lVert \boldsymbol{s}_j \rVert}$$

上式中，$\boldsymbol{v}_j$ 为输出的新胶囊，$\boldsymbol{s}_j$ 为新胶囊向量的模长。

3.2.3　深度广义相关性分析

深度广义相关性分析方法（DGCCA）主要将 DCCA 中的传统 CCA 计算部分变换为 GCCA，不仅利用深度网络进行多视图特征的非线性深度表征，而且利用 GCCA 网络学习深度多视图特征的融合表示。

下面以两视图为例介绍 DGCCA 的基本原理。假设两视图的特征矩阵分别

基于融合表征的多视图学习方法

为 A 和 B，DGCCA 的学习过程如下：

第一步，对每个单视图进行非线性表征，得到新的包含深度特征的视图特征矩阵 A' 和 B'。

第二步，利用 GCCA 学习全部视图的公共特征。学习过程如下：

假定两视图特征向量表示为 $x \in A' \subseteq \mathbf{R}^p$ 和 $y \in B' \subseteq \mathbf{R}^q$，该过程的目标函数为

$$J(\xi, \eta) = \frac{\xi^{\mathrm{T}} L_{xy} \eta}{(\xi^{\mathrm{T}} S_x \xi \cdot \eta^{\mathrm{T}} S_y \eta)^{1/2}} \qquad (3-1)$$

上式中，ξ、η 分别为两个视图的投影向量，S_x 和 S_y 为视图特征矩阵 A' 和 B' 的类内散度矩阵，且 S_x 和 S_y 为正定矩阵，$L_{xy} = nS_{xy}$，n 为模型参数，S_{xy} 表示类间散度矩阵。

当目标函数 $J(\xi, \eta)$ 的值达到最大时，得到的投影向量 (ξ, η) 为 GCCA 的投影向量集，分别表示为

$$w_1 = W_x^{\mathrm{T}} x \qquad (3-2)$$

$$w_2 = W_y^{\mathrm{T}} y \qquad (3-3)$$

上式中，$W_x = (\xi_1, \xi_2, \cdots, \xi_d)$，$W_y = (\eta_1, \eta_2, \cdots, \eta_d)$，$x$ 和 y 为原两视图的特征向量。

第三步，两视图的融合特征表示如下：

$$Z = \begin{bmatrix} w_1 \\ w_2 \end{bmatrix} \qquad (3-4)$$

综上，GCCA 模型的目标函数的物理含义为：样本投影后的向量满足类内离散度最小，则该两个样本之间的相关性最大。

3.3　方法描述

本章提出了一种基于双反馈机制的多视图子空间学习方法 MSL-DDF，主要特点如下：

（1）该方法采用动态路由机制增强了单视图的高阶表征能力，在 DGCCA 模型基础上，挖掘了单视图的独特特征，提高融合表征的可判别性。

（2）该方法提出了一种全新的视图内高阶特征和视图间关系融合学习的多视图学习思路，经实验证明，与经典、深度 CCA 模型相比，该方法学习的融合表征在多分类和聚类任务中都表现出了优越的性能。

（3）该方法框架具有较强的可扩展性和普适性，方便读者展开进一步研究。

本节具体介绍 MSL-DDF 方法，其模型结构示意图如图 3-5 所示，共包括三个子模块，分别是：单视图表征学习、视图内判别性特征学习和视图间融合表征学习。

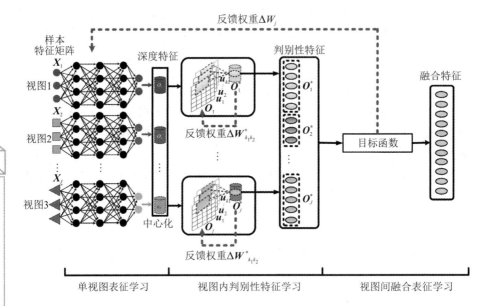

图 3-5　MSL-DDF 模型结构示意图

MSL-DDF 模型的学习过程如下：

第一步，利用传统表征学习的非线性变换过程提取视图基础特征，将视图特征标量转换为视图特征向量，丰富了视图特征中的位置信息；第二步，利用动态路由机制学习视图特征向量的判别性特征；第三步，通过融合表征模块学习融合表征矩阵 G，得到既包含视图内独特性信息又满足视图间相关性最大的可判别融合表征。结合图 3-5 中所示，"双反馈"是指权重 ΔW_j 和 $\Delta W_{k_1 k_2}^*$ 的迭代更新学习，其中，$\Delta W_{k_1 k_2}^*$ 是动态路由机制模型的权重，ΔW_j 是单视图表征学习模型的权重，并且权重更新时需满足融合表征 G 与第 j 个网络线性变换输出矩阵之间的差最小这个条件。

下面分别介绍本章提出方法中的三个子模块：单视图表征学习、视图内判别性特征学习和视图间融合表征学习的原理。

3.3.1　单视图表征学习

给定训练样本 $X_j \in \mathbf{R}^{J \times d_j \times N}$，$X_j$ 表示 N 个训练样本的第 j 个视图特征，该样本共包含 J 个视图。对多视图数据而言，每个视图都包含有价值的信息，

MSL-DDF 模型的设计思路是对每个视图进行非线性映射表示，得到视图的基础特征，该过程也是后续深度特征学习的首要前提。

假定第 j 个视图的输入矩阵 $\boldsymbol{X}_j$ 为 45×1000，单视图表征学习过程示意图如图 3-6 所示。具体过程如下：

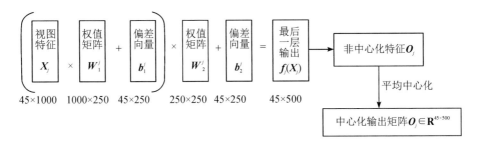

图 3-6　单视图表征学习过程示意图

从图 3-6 中看出，模型共包含 2 层隐含层，所有输出 $\boldsymbol{O}_j$ 经过平均中心化运算后，输入到下一个子模块。在该过程中，视图特征 $\boldsymbol{X}_j$ 的第 k 层的输出表示为：$h_k^j = s(\boldsymbol{W}_k^j h_{k-1}^j + \boldsymbol{b}_k^j)$，其中，$s$ 为非线性激活函数，这里激活函数采用的是 ReLU 函数，每个视图特征的计算过程一致，但权值矩阵 $\boldsymbol{W}_k^j$ 和偏差向量 $\boldsymbol{b}_k^j$ 是不同的。最后，以第 j 个视图为例，模型最后一层的输出表示为 $f_j(\boldsymbol{X}_j)$，然后对其输出进行去中心化后，得到包含视图基础特征的特征矩阵 $\boldsymbol{O}_j$，其作为下一个子模块的输入。

3.3.2　视图内判别性特征学习

下面以上一层第 j 个视图的输出特征 $\boldsymbol{O}_j$ 为例，介绍第二子模块视图内判别性特征学习的原理及过程。假定 $\boldsymbol{O}_j$ 的维度为 $n_j \times n_j$，视图内判别性特征学习过程示意图如图 3-7 所示。具体过程如下：

第一步，利用传统卷积神经网络学习 $\boldsymbol{O}_j$，具体为：对 $\boldsymbol{O}_j$ 进行 m_1 个 $x \times x$、步长为 S 的卷积核操作，学习到深度特征 $\boldsymbol{O}_j' \in \mathbf{R}^{n_k \times n_k \times m_1}$。

第二步，对深度特征 $\boldsymbol{O}_j'$ 进行 a 组 $y \times y \times b$，步长为 P 的卷积核操作，丰富 $\boldsymbol{O}_j'$ 的特征表达，得到包含了局部位置信息的新特征 $\boldsymbol{O}_j^a$。该步骤实际将原始基础特征扩展成为特征图的表示，但得到的特征图中的特征仍为标量。

第三步，将 $\boldsymbol{O}_j^a$ 中同一位置的标量构成新的向量 $\boldsymbol{u}_i$，将特征图展开为一维向量形式。

第四步，利用新的特征向量进行动态路由学习，得到第 j 个视图的判别性特征。

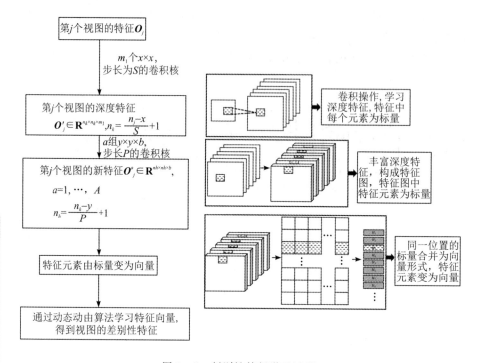

图 3-7 判别性特征学习过程

下面重点介绍动态路由算法的计算过程，以第一个视图为例，假定视图特征 O_1 按照上述操作分解成若干个胶囊，表示为：$u_1, \cdots, u_{k_1}$。动态路由算法过程示意图如图 3-8 所示，具体过程如下：

第一步，生成预测向量 $\hat{o}_{k_2 \mid k_1}$，计算公式如下：

$$\hat{o}_{k_2 \mid k_1} = W^*_{k_1 k_2} u_{k_1} \tag{3-5}$$

式 (3-5) 中，u_{k_1} 为上一层胶囊输出向量，$W^*_{k_1 k_2}$ 为权重矩阵。

第二步，由上一层胶囊的预测向量 $\hat{o}_{k_2 \mid k_1}$ 加权求和可得新的胶囊 s_{k_2}，具体如下：

$$s_{k_2} = \sum_{k_1} c_{k_1 k_2} \hat{o}_{k_2 \mid k_1} \tag{3-6}$$

式中，$c_{k_1 k_2}$ 为耦合系数，在动态路由算法过程中，该系数不断更新，表示上一层胶囊对于生成下一层各胶囊的贡献度。

另外，上式中的耦合系数 $c_{k_1 k_2}$ 的计算表达式为

$$c_{k_1 k_2} = \mathrm{softmax}(P_{k_1 k_2}) = \frac{\exp(P^*_{k_1 k_2})}{\sum_k \exp(P^*_{k_1 k})} \tag{3-7}$$

式中，$P^*_{k_1 k_2}$ 表示先验概率。为学习视图潜在的判别性特征，胶囊 s_{k_2} 输出的新胶囊 V_{k_2} 向量的模长表示实体存在的概率。

激活函数采用如下非线性函数：

$$V_{k_2} = \mathrm{squash}(s_{k_2}) = \frac{\|s_{k_2}\|^2}{1 + \|s_{k_2}\|^2} \frac{s_{k_2}}{\|s_{k_2}\|} \tag{3-8}$$

第 1 个视图通过动态路由学习到的判别性特征 O^*_1 表示为

$$O^*_1 = [V_1, V_2, \cdots, V_{k_2}] \tag{3-9}$$

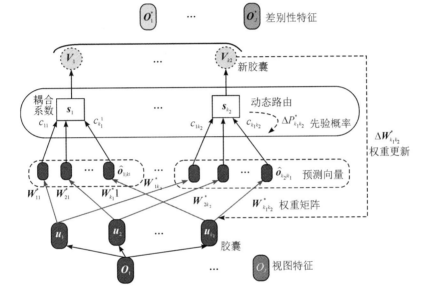

图 3-8 动态路由算法过程示意图

动态路由算法的伪代码如表 3-2 所示。

表 3-2 动态路由算法的伪代码

算法：动态路由算法

输入：Mean-centered output of neural networks：$O_1, O_2, \cdots, O_J$
Learning rate η, number of iterations r

输出：The vector output of capsule：$V_1, V_2, \cdots, V_J$

初始化：$P^*_{k_1 k_2} = 0$ and $W^*_{k_1 k_2} = 0$.

for each view $j = 1, 2, \cdots, J$ **do**

$\hat{o}_{k_2 | k_1} \leftarrow$ forward pass of u_{k_1} with weights $W^*_{k_1 k_2}$

    for r iterations **do**

算法：动态路由算法

for all capsule k_1 in layer l : $c_{k_1 k_2} \leftarrow \text{softmax}(P_{k_1 k_2})$

for all capsule k_2 in layer $(l+1)$: $s_{k_2} \leftarrow \sum\limits_{k_1} c_{k_1 k_2} \hat{o}_{k_2 \mid k_1}$

for all capsule k_2 in layer $(l+1)$: $V_{k_2} \leftarrow \text{squash}(s_{k_2})$

for all capsule k_1 in layer l and capsule k_2 in layer $(l+1)$:

$$P_{k_1 k_2} \leftarrow b_{k_1 k_2} + \hat{o}_{k_2 \mid k_1} V_{k_2}$$

返回 V_{k_2}

3.3.3 视图间融合表征学习

在满足视图间相关性最大的条件下，为实现视图的融合，得到融合矩阵 G，设计如下目标函数：

$$\underset{U_j \in \mathbf{R}^{d_j \times r}, G \in \mathbf{R}^{r \times N}}{\text{Minimize}} \sum_{j=1}^{J} \| G - U_j^{\mathrm{T}} O_j^* \|_F^2, \ \text{要求} \ GG^{\mathrm{T}} = I_r \tag{3-10}$$

式中，$O_j^* \in \mathbf{R}^{d_j \times N_j}$ 为第二个子模型学习的判别性特征，U_j^{T} 为第 j 个网络的线性变换输出，$\|.\|_F^2$ 为 F 范数的平方，Minimize 为最小函数。

为解决目标函数优化问题，定义变量：$C_{jj} = O_j^* \times (O_j^*)^{\mathrm{T}} \in \mathbf{R}^{d_j \times d_j}$ 为第 j 个视图输出的协方差矩阵。

优化目标函数表示为

$$\sum_{j=1}^{J} \| G - U_j^{\mathrm{T}} O_j^* \|_F^2 = \sum_{j=1}^{J} \| G - G (O_j^*)^{\mathrm{T}} C_{jj}^{-1} O_j^* \|_F^2 = rJ - \text{tr}(GM G^{\mathrm{T}})$$

$$\tag{3-11}$$

式中，tr 为迹函数，r 为模型参数。

式中各变量计算如下：

$$P_j = (O_j^*)^{\mathrm{T}} * C_{jj}^{-1} O_j^* \in \mathbf{R}^{N \times N} \tag{3-12}$$

$$U_j = C_{jj}^{-1} O_j^* G^{\mathrm{T}} \tag{3-13}$$

$$M = \sum_{j=1}^{J} P_j \tag{3-14}$$

在模型优化中，使用目标函数是为了实现判别性特征 O_j^* 与网络的线性变换输出转置 U_j^{T} 乘积越接近融合矩阵 G。因此，对于第 j 个视图，对 O_j^* 求导表示如下：

$$\frac{\partial L}{\partial O_j^*} = 2U_j G - 2U_j U_j^{\mathrm{T}} O_j^* \tag{3-15}$$

基于融合表征的多视图学习方法

式中，$L = \sum\limits_{i=1}^{r} \lambda_i(\boldsymbol{M})$，$\lambda_i(\boldsymbol{M})$ 表示矩阵 $\boldsymbol{M}$ 的特征值。

本章 MSL-DDF 算法的伪代码如表 3-3 所示。

表 3-3　MSL-DDF 算法的伪代码

算法：MSL-DDF 算法

输入：Multi-view data：$\boldsymbol{X}_1, \boldsymbol{X}_2, \cdots, \boldsymbol{X}_J$, number of iterations r_1 , learning rate η

输出：The output vector $\boldsymbol{U}_1, \boldsymbol{U}_2, \cdots, \boldsymbol{U}_J$

初始化：Deep representation learning weights $\boldsymbol{W}_1, \boldsymbol{W}_2, \cdots, \boldsymbol{W}_J$, dynamic boosting weights $\boldsymbol{W}_{ij}^*$

for r_1 iterations **do**

　　for each view $j = 1, 2, \cdots, J$ **do**

　　　　$\boldsymbol{O}_j \leftarrow$ forward pass of X_j with weights $\boldsymbol{W}_j$

　　mean-center $\boldsymbol{O}_j$

　　返回 $\boldsymbol{O}_j^*$

　　结束

$\boldsymbol{U}_1, \cdots, \boldsymbol{U}_J, \boldsymbol{G} \leftarrow \text{GCCA}(\boldsymbol{O}_1^*, \boldsymbol{O}_2^*, \cdots, \boldsymbol{O}_J^*)$

$\nabla \boldsymbol{W}_j \leftarrow \text{backprop}\left(\dfrac{\partial L}{\partial \boldsymbol{O}_j^*}, \boldsymbol{W}_j\right)$

$\boldsymbol{W}_j \leftarrow \boldsymbol{W}_j - \eta \nabla \boldsymbol{W}_j$

$\boldsymbol{O}_j^* \leftarrow \boldsymbol{U}_J^\top \boldsymbol{O}_j^*$

返回 $\boldsymbol{U}_J$

结束

3.4　应用案例

为实现本章方法的应用，并验证其性能，在本节中，分别将本章方法应用于分类和聚类任务，并将本章模型与一系列子空间方法的性能进行比较，验证本章提出的双反馈融合方法所学到的判别性融合表征在任务中的优越性能。下面将从方案设计、数据集、运行设置与环境、评测标准、基准方法、分类任务结果与分析、聚类任务结果与分析、模型超参数可视化八个部分展开介绍。

3.4.1　方案设计

应用方案的设计围绕以下问题展开。

问题 1：在视图数量越多的情况下，本章模型效果是否越好？

问题 2：与 DGCCA 相比，模型分类效果是否有明显提升？

问题 3：与其他 CCA-based 方法对比，模型分类性能如何？

问题 4：基于模型学到的融合表征的聚类效果如何？

问题 5：模型与其他 CCA-based 方法的聚类性能对比情况如何？

问题 6：超参数对模型效果有何影响？

基于以上问题，方案设计框图如图 3-9 所示。

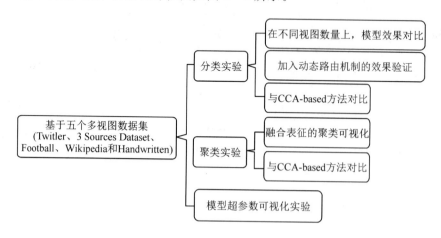

图 3-9　方案设计框图

3.4.2　数据集

在本章方法应用中，分别采用 Twitter、3 Sources Dataset、Football、Wikipedia 和 Handwritten 五个多视图数据集。

（1）Twitter。该数据集包含 102328 个 Twitter 用户数据，共 6 个视图，分别为用户推文（Tweets posted by the user him/herself）、推文中提到的用户（by other mentioned users）、朋友（by his/her friends）、粉丝（by his/her followers）、朋友网络（by his/her friend networks）、粉丝网络（by his/her follower networks）。数据集共有 200 类标签。

（2）3 Sources Dataset。该数据集是多视图文本数据集，来源于 3 个新闻网络平台，分别为 BBC Sports、Reuters 和 The Guardian，包含了 2009 年 2 月至 4 月的 416 条新闻，3 个网络平台作为 3 个视图。其中，169 条被 3 个网络平台报道，194 条被 2 个网络平台报道，53 条被 1 个网络平台报道。新闻被手工标注了 6 类标签，分别为商业、娱乐、健康、政治、体育和科技。

（3）Football。该数据集为 Twitter 上的 248 名英超足球运动员的活跃信息，共包括 9 个视图：followed by、follows、list-merged 500、lists500、mentioned by、mentions、re-tweeted by、re-tweets 和 tweets500。其中，第 1、2、5、6～8 视图为关系网络，第 3 和 4 视图为 IDs，第 9 视图为文本。以上运动员来自 20 个俱乐部，为该数据集对应的 20 类标签。

（4）Wikipedia。该数据集是维基百科词条，由 2866 个图像/文本对组成，每个词条共图像、文本两个视图，其中，图像表征为 2296 维特征向量，文本表征为 3000 维向量。该数据集共有 10 类标签。

（5）Handwritten。该数据集为表示 0～9 十个数字的 2000 张图片样本，共包括 6 个特征，作为 6 个视图，分别为 fourier coefficients of the character shapes 特征、profile correlations 特征、karhunen-love coefficients 特征、pixel averages in 2 × 3 windows 特征、Zernike moment 特征、morphological 特征。数据集共有 10 类标签。

3.4.3 运行设置与环境

在运算过程中，均采用 90％的数据集作为训练集，10％的数据集作为测试集。为了与最新的深度广义典型相关性分析方法 DGCCA 进行对比，参数设置也与 DGCCA 工作中的一致，最大迭代次数设置为 50，学习率设置为 0.0001。根据目标函数，当训练损失达到最小时，训练结束。经过多次训练，融合表征矩阵 *G* 的维度 K 在性能最优时取值，其中，在 Twitter 数据集上，$K=800$，在其他数据集上，$K=400$。

仿真应用中计算机配置环境是四核 Inter Core i5 处理器，8GB 内存，256GB 闪存，MacOS 系统，仿真软件为 python 3.7。

3.4.4 评测标准

（1）在分类任务中，采用分类精度（Precision）、召回率（Recall）、F1 值和准确率（Accuracy）作为评测标准。评测标准计算方法如下：

$$\text{Precision} = \frac{1}{m} \sum_{i=1}^{m} P_i \tag{3-16}$$

$$\text{Recall} = \frac{1}{m} \sum_{i=1}^{m} R_i \tag{3-17}$$

$$\text{F1} = \frac{1}{m} \sum_{i=1}^{m} \text{F1}_i \tag{3-18}$$

$$\text{Accuracy} = \frac{1}{m} \sum_{i=1}^{m} \text{acc}_i \tag{3-19}$$

上式中，P_i、R_i、F1_i、acc_i 为每类标签的 Precision、Recall、F1、Accuracy，其

中，$\text{Precision}_i = \dfrac{\text{TP}}{\text{TP}+\text{FP}}$，$\text{Recall}_i = \dfrac{\text{TP}}{\text{TP}+\text{FN}}$，$\text{F1}_i = \dfrac{2PR}{P+R}$，$\text{acc}_i = \dfrac{\text{TP}+\text{TN}}{P+N}$，TP 表示被正确地划分为正例的个数，FP 表示被错误地划分为正例的个数，FN 表示被错误地划分为负例的个数，TN 表示被正确地划分为负例的个数。

（2）在聚类任务中，采用聚类精度（Precision）、召回率（Recall）、F1 值和准确率（Accuracy）作为聚类效果的评测标准。评测标准计算方法如下：

$$\text{Precision} = \frac{\text{TP}}{\text{TP}+\text{FP}} \qquad (3-20)$$

$$\text{Recall} = \frac{\text{TP}}{\text{TP}+\text{FN}} \qquad (3-21)$$

$$\text{F1} = \frac{2 \times \text{Precision} \times \text{Recall}}{\text{Precision}+\text{Recall}} \qquad (3-22)$$

$$\text{Accuracy} = \frac{N_{\text{corr}}}{N} \qquad (3-23)$$

上式中，TP 表示两个相似的对象归入一个簇，FP 表示两个不相似的对象归入同一簇，FN 表示两个相似的对象归入不同的簇，N_{corr} 表示正确聚类的对象数，N 表示所有对象数。

另外，本部分增加了两个聚类指标：兰德系数（Rand Index，RI）和标准化互信息（NMI）。RI 越大，表示聚类效果准确性越高，每个类簇内的纯度越高。NMI 表示实际算法的结果与真实结果的相似度，NMI 越接近 1，表示结果与真实结果越接近，反之说明计算结果越差。两个指标的计算公式如下：

$$\text{RI} = \frac{\text{TP}+\text{TN}}{\text{TP}+\text{FP}+\text{FN}+\text{TN}} \qquad (3-24)$$

$$\text{NMI} = \frac{2 \times I(X;Y)}{H(X)+H(Y)} \qquad (3-25)$$

上式中，X 与 Y 分别表示实际结果与真实结果，$I(X,Y)$ 为 X 与 Y 的互信息，表示 X 中包含 Y 的信息量，$p(x,y)$ 表示 X 和 Y 的联合分布，$p(x)$ 和 $p(y)$ 为边缘分布。$H(X)$ 和 $H(Y)$ 为信息熵，是对信息量化的度量，可抽象认为是某种特定信息出现的概率。计算公式如下：

$$I(X;Y) = \sum_{x,y} p(x,y) \log \frac{p(x,y)}{p(x)p(y)} \qquad (3-26)$$

$$H(X) = -\sum_i p(x_i) \log p(x_i) \qquad (3-27)$$

$$H(Y) = -\sum_i p(y_i) \log p(y_i) \qquad (3-28)$$

3.4.5 基准方法

（1）在分类任务中，为应用本章方法及验证其有效性，将本章方法与以下基准方法做对比。

① 典型相关性分析（CCA）。CCA 方法将每个视图进行线性映射，然后计算两视图的最大相关性。

② 广义典型相关性分析（GCCA）。CCA 方法克服了 CCA 只能学习两视图的局限性，能够学习多视图的线性映射。

③ 深度典型相关性分析（DCCA）。DCCA 方法是 CCA 基于深度网络的扩展，能够学习两视图的非线性映射，然后计算视图间的最大相关系数，但该方法也能计算两视图的相关性。

④ 深度广义典型相关性分析（DGCCA）。DGCCA 方法结合了 DCCA 和 GCCA 的优点，解决了 DCCA 和 GCCA 在应用中的难点。

本章方法与基准方法的对比表如表 3-4 所示。

表 3-4 本章方法与基准方法的对比表

方 法	类型	多视图	深度网络	表征空间	特征相关
典型相关性分析（CCA）	非深度两视图	否	否	原始	局部
深度典型相关性分析（DCCA）	深度两视图	否	是	原始	局部
广义典型相关性分析（GCCA）	非深度多视图	是	否	原始	全局
深度广义典型相关性分析（DGCCA）	深度两视图	是	是	原始	全局
基于双反馈机制的多视图子空间学习（即本章的 MSL-DDF 方法）	深度多视图	是	是	内在隐含	全局与局部

（2）在聚类任务中，采用典型相关性分析 CCA 一系列方法中性能最好的 DCCA 和 DGCCA 方法作为基准方法与本章方法进行性能对比，验证方法的有效性。

3.4.6 分类任务结果与分析

（1）**基于本章方法融合不同数量的视图特征，进行不同数量视图融合表征的分类性能对比**。首先，利用本章方法分别计算不同数量视图的融合表征，然后基于不同的融合表征完成分类任务，分类结果如表3-5所示，由表中结果发现，在不同数据集上，视图数量越多，融合的综合分类性能越好。以综合评价指标F1值为例，在3 Sources，Football，Twitter和Handwritten四个数据集上，全部视图比两视图分别提升了13.2%，8.4%，21.8%，0.5%。根据结果可得，本章提出的方法在多视图融合上取得了比在两视图融合上更优的性能，充分证明了多视图融合对于视图表征更有意义。

表 3-5　在融合不同数量视图下，本章方法分类性能对比

数据集	视图数量	分类精度	召回率	F1 值	准确率
3 Sources	3（全部视图）	**0.36626**	**0.64420**	**0.44375**	**0.10797**
	2（BBC＋Guardian）	0.33477	0.60047	0.40663	0.10026
	2（BBC＋Reuters）	0.33695	0.56631	0.41110	0.07969
	2（Guardian ＋ Reuters）	0.31750	0.49308	0.35864	0.07712
	2（任意）	0.32974	0.55328	0.39212	0.08569
Football	9（全部视图）	**0.38305**	**0.45518**	**0.29057**	**0.13605**
	6（视图 1～6）	0.32046	0.44560	0.24326	0.10884
	2（任意）	0.31638	0.392163	0.26799	0.13605
Twitter	6（全部视图）	0.01810	0.36476	**0.02773**	**0.01692**
	4（只有文本）	0.01447	0.38439	0.02351	0.01137
	2（任意）	0.01382	**0.41700**	0.02277	0.01082
Wikipedia	2（全部视图）	**0.80348**	**0.59850**	**0.56146**	**0.57864**
Handwritten	6（全部视图）	**0.98556**	**0.98548**	**0.98523**	**0.98500**
	4（视图 1～4）	0.98430	0.98275	0.98317	0.98250
	2（任意）	0.98161	0.97985	0.98031	0.98000

（2）**验证加入动态路由机制后的效果**（本章方法 MSL-DDF vs. 深度广义典型相关性分析 DGCCA）。DGCCA 为当前结果最优的基于深度典型相关性分析进行多视图融合的方法，本章提出的算法也是基于该方法的改进。首先对本章方法 MSL-DDF 与 DGCCA 进行分类性能对比，即验证加入动态路由机制后的效果。本章方法 MSL-DDF 与 DGCCA 的分类性能对比结果如表 3-6 所示。

表 3 – 6　本章方法 MSL-DDF 与 DGCCA 的分类性能对比

数据集	方法	视图数量	分类精度	召回率	F1值	准确率
3 Sources	深度广义典型相关性分析 DGCCA(深度、多视图、无动态路由)	3(全部视图)	0.29289	0.31940	0.29710	0.10540
	基于双反馈机制的多视图子空间学习 MSL-DDF(深度、多视图、有动态路由)	3(全部视图)	**0.36627**	**0.64420**	**0.44375**	**0.10797**
Football	深度广义典型相关性分析 DGCCA(深度、多视图、无动态路由)	9(全部视图)	0.14529	0.23722	0.16847	0.08163
	基于双反馈机制的多视图子空间学习 MSL-DDF(深度、多视图、有动态路由)	9(全部视图)	**0.38305**	**0.45518**	**0.29057**	**0.13605**
	深度广义典型相关性分析 DGCCA(深度、多视图、无动态路由)	6(全部视图)	0.01335	0.35763	0.01803	0.00633
	基于双反馈机制的多视图子空间学习 MSL-DDF(深度、多视图、有动态路由)	6(全部视图)	**0.01810**	**0.36476**	**0.02773**	**0.01692**
Twitter	深度广义典型相关性分析 DGCCA(深度、多视图、无动态路由)	4(文本视图)	0.00777	0.30682	0.01533	0.00278
	基于双反馈机制的多视图子空间学习 MSL-DDF(深度、多视图、有动态路由)	4(文本视图)	**0.01447**	**0.38439**	**0.02351**	**0.01137**
Wikipedia	深度广义典型相关性分析 DGCCA(深度、多视图、无动态路由)	2(全部视图)	0.49276	0.48738	0.48562	0.50360
	基于双反馈机制的多视图子空间学习 MSL-DDF(深度、多视图、有动态路由)	2(全部视图)	**0.80348**	**0.59850**	**0.56146**	**0.57864**
Handwritten	深度广义典型相关性分析 DGCCA(深度、多视图、无动态路由)	6(全部视图)	0.98523	0.98478	0.98485	0.98500
	基于双反馈机制的多视图子空间学习 MSL-DDF(深度、多视图、有动态路由)	6(全部视图)	**0.98556**	**0.98548**	**0.98523**	**0.98500**

由表中结果可发现，在所有数据集上，本章方法的性能指标均优于 DGCCA。以 Twitter 数据集为例，对 6 个视图进行融合表征后，本章方法在分类精度、召回率、F1 值、准确率指标上分别较 DGCCA 提高了 35.6%、2%、53.8%、62.6%。对 4 视图进行融合表征后，本章方法在分类精度、召回率、F1 值、准确率指标上分别比 DGCCA 提高了 86.4%、25.3%、53.3%、3.1 倍。结果充分验证了引入动态路由机制的优越性，利用本章方法学习到判别性融合表征可直接提升分类性能。

（3）**对本章方法 MSL-DDF 与基于 CCA 的其他典型相关性分析方法进行对比**。为了进一步验证本章方法的性能稳定性，分别将本章方法 MSL-DDF 与基于 CCA 的其他典型相关性分析方法进行对比。在 Benton 提出的 DGCCA 的相关研究工作中，已经充分证明了 DGCCA 模型优于 GCCA 模型，在述部分中，也验证了 MSL-DDF 优于 DGCCA。在本部分中，我们直接选择 CCA 和 DCCA 算法为基准方法与本章方法进行性能对比。由于 CCA、DCCA 算法只能应用于两视图融合表征，为此，在本章方法的应用中分别融合两两对视图两两之间进行融合，然后计算平均值作为最终结果。本章方法 MSL-DDF 与基于 CCA 的其他典型相关性分析方法的性能对比如表 3 - 7 所示，从表中可看出：

（1）在 3 Sources、Twitter、Wikipedia、Handwritten 数据集上，本章方法 MSL-DDF 在分类精度和 F1 值指标上优于传统 CCA 方法，在 F1 值指标上，MSL-DDF 和 DCCA 优于 CCA。

（2）在 Twitter、Wikipedia、Handwritten 三个数据集上，在 F1 值指标上，CCA 比 DCCA 分别提高了 51.4%、50.3%、22.3%。通过该结果发现，在某些多视图数据集上，采用基于 CCA 的方法进行多视图融合表征时，基于深度网络学习的 CCA-based 方法并非一定优于基于非深度网络的 CCA-based 方法，可见基于深度网络的多视图融合方法仍有研究和改进的空间。

3.4.7 聚类任务结果与分析

（1）**基于本章方法学习的融合表征 G 的聚类效果可视化**。为验证本章方法 MSL-DDF 在聚类任务中同样具有优越的性能，首先，基于 MSL-DDF 学习多视图融合表征 G，然后利用 K-means 对 G 进行聚类。在 Wikipedia、Handwritten 数据集上基于融合表征 G 的聚类可视化结果如图 3 - 10、图 3 - 11 所示。通过可视化结果可看出本章方法可很好地实现视图样本的聚类。

表 3 - 7 本章方法 MSL-DDF 与基于 CCA 的其他典型相关性分析方法的性能对比

数据集	方法	视图数量	分类精度	召回率	F1 值	准确率
3 Sources	典型相关性分析 CCA(浅层，2 视图)	2	0.38500	0.60647	0.38886	0.11825
	深度典型相关分析 DCCA(深层，2 视图)	2	0.29898	**0.67716**	0.40552	0.07883
	基于双反馈机制的多视图子空间学习 MSL-DDF(深层，多视图)	3(全部视图)	**0.36627**	0.64420	**0.44375**	0.10797
Football	典型相关性分析 CCA(浅层，2 视图)	2	0.15689	0.38670	0.17195	0.07664
	深度典型相关分析 DCCA(深层，2 视图)	2	0.31425	**0.47698**	**0.31906**	**0.24853**
	基于双反馈机制的多视图子空间学习 MSL-DDF(深层，多视图)	9(全部视图)	**0.38305**	0.45518	0.29057	0.13605
Twitter	典型相关性分析 CCA(浅层，2 视图)	2	0.01282	**0.37228**	0.02316	0.01379
	深度典型相关分析 DCCA(深层，2 视图)	2	0.01243	0.29930	0.01529	0.01185
	基于双反馈机制的多视图子空间学习 MSL-DDF(深层，多视图)	6(全部视图)	**0.01810**	0.36476	**0.02773**	**0.01692**
Wikipedia	典型相关性分析 CCA(浅层，2 视图)	2	0.53203	0.53731	0.51718	**0.60173**
	深度典型相关分析 DCCA(深层，2 视图)	2	0.38556	0.35569	0.34400	0.40404
	基于双反馈机制的多视图子空间学习 MSL-DDF(深层，多视图)	2(全部视图)	**0.80348**	**0.59850**	**0.56146**	0.57864
Handwritten	典型相关性分析 CCA(浅层，2 视图)	2	0.90446	0.90278	0.90274	0.90278
	深度典型相关分析 DCCA(深层，2 视图)	2	0.74523	0.74722	0.73798	0.74722
	基于双反馈机制的多视图子空间学习 MSL-DDF(深层，多视图)	6(全部视图)	**0.98556**	**0.98548**	**0.98523**	**0.98500**

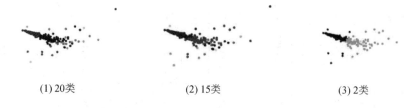

(1) 20类   (2) 15类   (3) 2类

图 3 - 10 在 Football 数据集上，基于融合表征 **G** 的聚类可视化结果

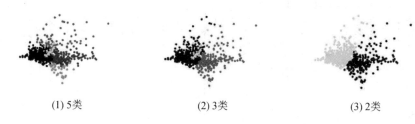

(1) 5类   (2) 3类   (3) 2类

图 3 - 11 在 Wikipedia 数据集上，基于融合表征 **G** 的聚类可视化结果

（2）**本章方法 MSL-DDF 与深度典型相关性分析 DCCA、深度广义典型相关性分析方法 DGCCA 聚类性能的对比**。基于的 CCA 方法中性能最好的是 DCCA 和 DGCCA 方法，因此，本部分直接与这两种基准方法进行聚类性能的对比，图 3 - 12 分别为本章方法 MSL-DDF 与 DCCA 和 DGCCA 方法在不同数据集上的聚类结果对比。从结果中可看出，除 Handwritten 数据集外，本章方法的 NMI 结果较 DCCA 降低了约 9.8%，其他聚类结果均高于 DCCA 和 DGCCA。同时，从结果中发现，在 Football 和 Handwritten 数据集上，DGCCA 的聚类结果低于 DCCA，因此，为了进一步分析本章方法 MSL-DDF 和 DGCCA 相较于 DCCA 的提升效果，以 DCCA 为基准方法，计算 MSL-DDF 和 DGCCA 方法较 DCCA 在各聚类指标上的提升率，并进行可视化，结果对比图如图 3 - 13 所示。从图中可看出，除 Handwritten 数据集外，本章方法 MSL-DDF 在 NMI 指标上略有下降，其他指标均有提升，也发现 DGCCA 较 DCCA 下降幅度大。结合 3.4.6 节中分类任务的结果，DGCCA 方法在分类任务中性能稳定，但在聚类任务的性能稳定性不如本章方法，充分证明了本章方法在聚类任务上同时具备了优越的性能。

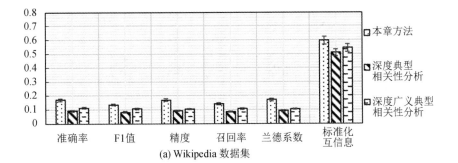

(a) Wikipedia 数据集

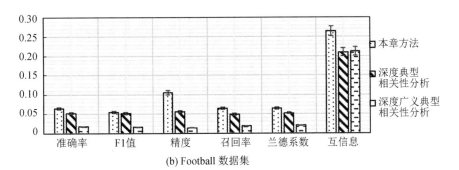

(b) Football 数据集

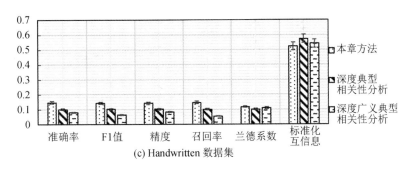

(c) Handwritten 数据集

图 3-12 本章方法 MSL-DDF 与 DCCA 和 DGCCA 方法
在不同数据集上的聚类结果对比图

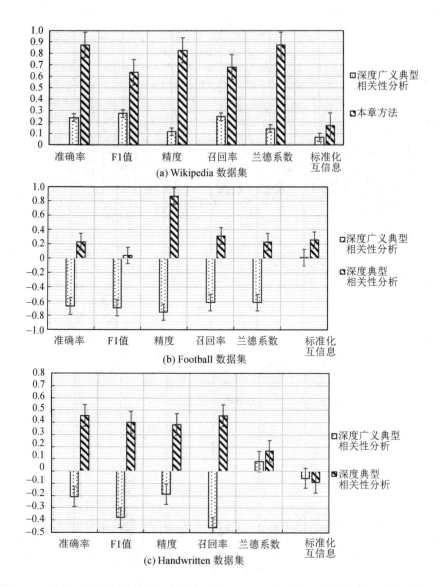

图 3-13 以 DCCA 为基准方法，本章方法与 DGCCA 方法在不同数据集上的提升率对比

3.4.8 模型超参数可视化

在深度学习方法中，方法模型中的超参数需要人工设置，为此，在本部分应用中增加了选择模型最优超参数的实验介绍，如图 3-14、图 3-15、图 3-16 为各指标在不同维度 k 下的性能可视化，从中发现，在 $k=800$ 时性能最好，因此，本书中均采用 $k=800$。

基于融合表征的多视图学习方法

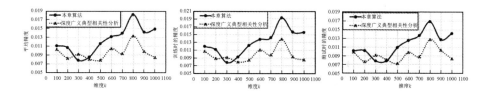

图 3 - 14　在不同维度 k 下，精度的对比

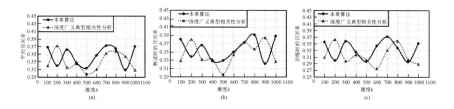

图 3 - 15　在不同维度 k 下，召回率的对比

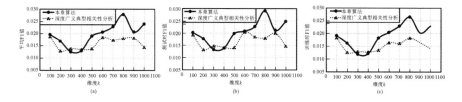

图 3 - 16　在不同维度 k 下，F1 值的对比

3.5　本章小结

本章针对多视图子空间学习中融合表征的判别性表达能力不足的问题，提出了一种基于双反馈机制的多视图子空间学习方法，该方法在 GCCA 学习公共子空间的基础上，采用动态路由机制挖掘每个视图隐含的独特特征，并在融合学习的目标函数中加入融合矩阵与网络线性变换输出矩阵的差最小约束条件，通过两步权重更新操作，实现特征的双反馈学习，提升公共子空间表征的可判别性。最后在五个数据集上评测方法性能，结果表明，增强单视图表征性能可提升最终融合表征的分类和聚类性能，性能提升效果显著。同时发现在聚类任务中本章方法的性能稳定，而基准方法性能不稳定，有待继续改进研究。本章应用结果证明了胶囊网络可提升多视图的深度判别性特征的学习性能，也证明了第 2 章研究工作中的结论：学习视图差异性特征可提升融合表征性能。

第 4 章

基于多视图深层特征增强的
隐空间融合表征方法

4.1 研究背景

随着多视图数据多样化的分析需求，传统单视图聚类已扩展到多视图聚类研究中，并与多视图子空间学习方法相结合实现模型的优化设计，多视图子空间聚类算法成为重要的研究方向。

单视图子空间聚类是在传统聚类算法中加入子空间学习，主要思想是：假定样本数据来自多个低维子空间，同一子空间的样本相关性最强，不同子空间的样本间相关性最弱，不同子空间为不同聚簇。其中，样本数据在所属子空间可自表达，自表达是指样本由归属于同一子空间的其他样本进行线性表示。与单视图子空间聚类不同，多视图子空间聚类学习中需考虑视图间相关性、一致性和互补性。当前多视图子空间聚类方法的研究思路主要包括：第一种，将多视图特征拼接变为单视图，再进行单视图子空间聚类学习，但该方法未学习视图间的关系，学习效果不好。第二种，先将单视图分解为非负基矩阵和系数矩阵，再利用全部单视图系数矩阵学习潜在公共空间，对一致系数表示矩阵进行正则化约束，该类方法考虑到学习视图间的一致性，近年来受到研究者们的广泛关注，如 Liu 等人提出基于非负矩阵分解的 MSCL 模型，将单视图矩阵分解为非负矩阵与系数矩阵乘积，最后利用系数表示矩阵进行 K-means 聚类；Gao 等人提出利用谱聚类理论设计目标约束项，利用单视图构建视图自表示系数矩阵；Cao 等人提出多样性诱导 MSCL 模型，利用希尔伯特-施密特独立性判别准则计算视图自表达矩阵。第三种，先学习包含视图相关性和一致性的公共子空间，再利用子空间进行聚类，该类方法较第二种增加了视图间的相关性学习，如 Zhang 等人提出了一种多视图隐空间聚类学习方法（Latent Multi-view Subspace Clustering，LMSC），该方法先学习多视图隐空间，再利用传统子空间聚类方法学习隐空间的自表达矩阵。根据调研，现有多视图聚类方法主要实现了视图一致性或相关性学习，然而多视图特征包含了很多有价值的信息，如果将视图特征差异性学习加入多视图子空间聚类中，可得到包含更丰富视图信息的自表达矩阵，这样将提高自表达矩阵的学习性能。因此，本章重点研究如何在子空间聚类学习视图一致性的基础上，增强单视图深层特征的表达能力，进而提升方法的性能。

受 LMSC 模型启发，为解决多视图子空间聚类中同时学习视图一致性和差异性的问题，本章提出一种基于多视图深度特征增强的隐空间融合表征方法（Latent Fusion Representation with Multi-view Latent Feature Enhancement，LFR-MLFE），该方法共包括三个学习机制：基于动态路由机制的视图增强学习、基于隐空间学习的视图融合、基于子空间聚类的自表达学习。研究思路如图 4-1 所示。

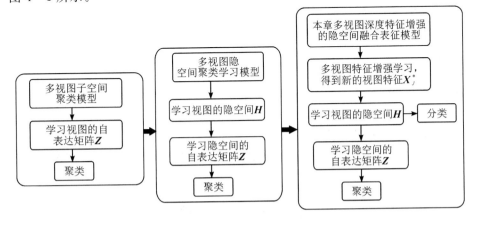

图 4-1　研究思路

本章主要内容如下：4.1 节介绍问题背景；4.2 节介绍本章研究中涉及的基

础模型；4.3 节进行方法描述；4.4 节介绍应用案例；4.5 节对本章进行小结。

4.2　基　础　模　型

　　为更好地理解本章方法原理，本节先简要介绍子空间聚类的基本原理，具体如下：

　　在子空间聚类中，为了学习多视图数据的公共子空间，主要是将样本矩阵分解为样本矩阵与自表达矩阵的乘积，实现同一空间中样本的线性表示。多视图子空间聚类通过挖掘视图间相关性和互补性信息得到公共子空间，以学习不同关系为目标，多视图聚类学习需构建不同目标函数和特征约束项。

　　给定多视图数据集 $\boldsymbol{X} = \{\boldsymbol{X}^{(1)}, \boldsymbol{X}^{(2)}, \cdots, \boldsymbol{X}^{(v)}\}$，$\boldsymbol{X}^{(v)} = [\boldsymbol{x}_1^{(v)}, \boldsymbol{x}_2^{(v)}, \cdots, \boldsymbol{x}_m^{(v)}]$，其中，$\boldsymbol{X}^{(v)}$ 为第 v 个视图特征矩阵，$x_m^{(v)}$ 为第 v 个视图特征矩阵中的第 m 个向量。与单视图子空间聚类一样，假定该数据集存在 N 个不相关子空间，自表示学习模型可表示为

$$\boldsymbol{X} = \{\boldsymbol{X}^{(1)}, \boldsymbol{X}^{(2)}, \cdots, \boldsymbol{X}^{(v)}\} = [\boldsymbol{X}_1 \boldsymbol{Z}_1, \boldsymbol{X}_2 \boldsymbol{Z}_2, \cdots, \boldsymbol{X}_v \boldsymbol{Z}_v] = \boldsymbol{X} \boldsymbol{Z} \quad (4-1)$$

　　(1) 在模型学习过程中，为了考虑视图间的相似性，多视图子空间聚类的目标函数设计如下：

$$\min_{\boldsymbol{Z}_v, \boldsymbol{E}_v, \boldsymbol{Z}} \sum_{v=1}^{V} L(\boldsymbol{X}_v, \boldsymbol{X}_v \boldsymbol{Z}_v) + \alpha \sum_{v=1}^{V} \|\boldsymbol{Z} - \boldsymbol{Z}_v\|$$

$$\boldsymbol{X}_v = \boldsymbol{X}_v \boldsymbol{Z}_v + \boldsymbol{E}_v \quad (4-2)$$

上式中，$\boldsymbol{X}_v$ 为第 v 个视图的样本矩阵，$\boldsymbol{Z}_v$ 为第 v 个视图的子空间自表达矩阵，$\boldsymbol{E}_v$ 为第 v 个视图的重构误差矩阵，$\boldsymbol{Z}$ 为单视图子空间矩阵的融合矩阵，α 是正则参数，该参数控制 $\boldsymbol{E}_v$ 与 $\boldsymbol{Z}_v$ 的权重。

　　在多视图子空间目标函数中，通过加入融合矩阵 $\boldsymbol{Z}$ 和单视图子空间自表达矩阵 $\boldsymbol{Z}_v$ 的误差约束项实现视图的自表达学习，但单视图自表达矩阵 $\boldsymbol{Z}_v$ 中元素大小不同，在计算过程中，需将 $\boldsymbol{Z}_v$ 与 $\boldsymbol{Z}$ 进行"强迫对齐"，这会造成 $\boldsymbol{Z}$ 存在明显的结构缺失，最终影响聚类性能。

　　(2) 在模型学习过程中，为了考虑视图间互补性，多视图子空间聚类的目标函数设计如下：

$$\min_{\boldsymbol{Z}_v, \boldsymbol{E}_v} \sum_{v=1}^{v} L(\boldsymbol{X}_v, \boldsymbol{X}_v \boldsymbol{Z}_v) + \alpha \Phi(\boldsymbol{Z}_v)$$

$$\boldsymbol{X}_v = \boldsymbol{X}_v \boldsymbol{Z}_v + \boldsymbol{E}_v \quad (4-3)$$

上式中，$L(\boldsymbol{X}_v, \boldsymbol{X}_v \boldsymbol{Z}_v)$ 为 $\boldsymbol{X}_v$ 和 $\boldsymbol{X}_v \boldsymbol{Z}_v$ 的误差项，$\Phi(\boldsymbol{Z}_v)$ 为单视图子空间自表达

基于融合表征的多视图学习方法

矩阵 $\mathbf{Z}_v$ 的正则项。

  在该类方法中,为了将单视图子空间自表达矩阵 $\mathbf{Z}_v$ 融合为公共子空间矩阵 $\mathbf{Z}$,研究者们最常用的方法是求所有 $\mathbf{Z}_v$ 的平均值,再通过设计目标函数中的正则项 $\Phi(\mathbf{Z}_v)$ 实现多视图间互补信息的学习。

4.3 方法描述

  本章提出的 LFR-MLFE 方法框架如图 4-2 所示。模型主要过程如下:

  第一步,单视图增强学习,包括:利用传统卷积操作提取单视图的基础特征,再利用多组卷积核构造特征图来丰富特征,进行特征向量化表示、卷积操作及动态路由学习,实现单视图特征的增强学习。

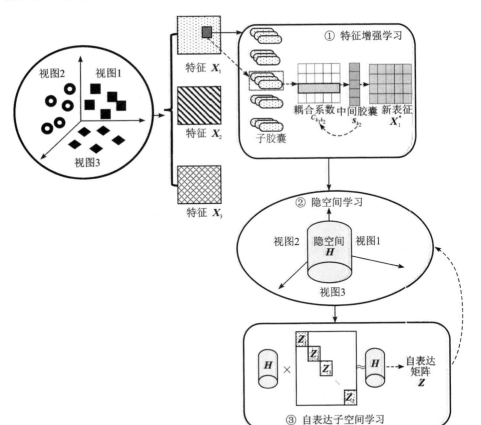

图 4-2 LFR-MLFE 模型框架

第二步，学习多视图的公共隐空间，并利用该隐空间进行分类任务。

第三步，基于隐空间的自表达矩阵进行学习，得到包含视图最大一致性和最小差异性的子空间表示。

第四步，根据子空间聚类原理，利用自表达矩阵计算相似度矩阵 S，并基于相似度矩阵进行聚类。

本章方法的主要研究内容和创新点如下：

（1）借鉴 LMSC 模型，建立了一个既可以学习多视图一致性，又可以学习视图深层次特征的通用模型，该模型可同时适应于聚类和分类任务。

（2）LFR-MLFE 模型共包括三个子过程：第一，单视图增强学习。通过引入胶囊网络的动态路由机制学习视图的独特特征，解决重要视图特征缺失的问题。第二，多视图隐空间学习。得到包含视图主要特征的公共隐空间。第三，自表达子空间学习。基于多视图子空间聚类模型学习自表达子空间，得到相似度矩阵，保证子空间内的样本具有高度相似性。

（3）最终，将隐空间作为分类任务的输入，相似度矩阵作为聚类的输入。并在四个数据集上分别进行分类和聚类应用，验证本章方法较基准方法均有提升。

下面分别介绍本章提出的 LFR-MLFE 方法的流程和优化两部分内容，其中方法的流程包括三步：单视图特征增强学习、多视图隐空间学习、自表达子空间学习。方法的优化包括两步：构造目标函数对应的增广拉格朗日函数和使用拉格朗日乘子法交替迭代矩阵 P、H、Z、E、M，直到满足终止条件为止。

4.3.1 算法流程

本节主要介绍本章 LFR-MLFE 方法的关键技术，具体如下：

第一步，单视图特征增强学习。

这一步采用胶囊网络的动态路由机制学习每个视图的独特特征，以提升隐空间表征的判别能力，得到视图的判别性视图表征矩阵。学习过程如下：输入原始数据特征 $X = [X_1, X_2, \cdots, X_J]$，将原始单视图特征分成为若干个子胶囊，并利用子胶囊分别与权重矩阵相乘得到下一层的预测向量，然后将预测向量加权求和得到新的胶囊表示向量，在该加权求和过程中需利用分类函数进行预测及更新。为学习视图的独特特征，采用非线性函数作为激活函数，得到视图的判别性视图表征为 $[X_1^*, X_2^*, \cdots, X_J^*]$。

单视图特征增强学习的损失函数设计如下：

$$L_k = T_k \max{(0, m^+ - \|v_k\|)}^2 + \lambda(1 - T_k) \max{(0, \|v_k\| - m^-)}^2 \quad (4-4)$$

上式中，v_k 为单视图特征中加入子胶囊加权后的分类预测标签。分类预测后，若分类预测结果中存在类别 k，则 $T_k = 1$，若不存在类别 k，则 $T_k = 0$。m^+ 为惩罚阳性指标，表示实际标签中存在类别 k，但预测不存在；m^- 为惩罚阴性指标，表示实际标签中不存在类别 k，但预测存在，两种情况均导致损失函数很大。通常在模型学习中，模型参数 m^+、m^- 和 λ 分别设定为 0.9、0.1 和 0.5。

第二步，多视图隐空间学习。

视图判别性特征是该模块的输入。利用输入的全部视图判别性特征 X^* 学习到隐空间矩阵 H，但每个视图存在分布和结构的差异性，需分别通过不同的投影矩阵 P_J 得到尽可能包含所有视图主要特征的公共隐空间矩阵 H，目标函数设计如下：

$$\min_{P, H} L_h(X^*, PH) \quad (4-5)$$

上式中，$L_h(\cdot, \cdot)$ 为计算 X^* 和 PH 的最小损失函数，P 为 H 的投影矩阵。

多视图隐空间学习过程如图 4-3 所示。

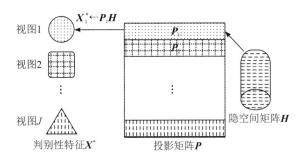

图 4-3　隐空间学习

第三步，自表达子空间学习。

利用隐空间 H 学习多视图自表达子空间，采用多视图子空间聚类算法的思路，目标函数设计如下：

$$\min_{\{Z^{(j)}\}_{j=1}^{J}} \mathcal{L}\left(\{(H^{(j)}, H^{(j)} Z^{(j)})\}_{j=1}^{J}\right) + \lambda \Omega\left(\{Z^{(j)}\}_{v=1}^{J}\right) \quad (4-6)$$

上式中，$H^{(j)}$ 为第 j 个视图特征矩阵，$Z^{(j)}$ 为第 j 个视图的重构系数矩阵，$\mathcal{L}(\cdot, \cdot)$ 为损失函数，$\Omega(\cdot)$ 为正则化项，$\lambda > 0$ 为均衡因子。

构建模型总目标函数：

$$\min_{P,H,Z} L_h(X^*, PH) + \lambda_1 \mathcal{L}(H, HZ) + \lambda_2 \Omega(Z) \tag{4-7}$$

上式中，$L_h(X^*, PH)$ 为计算 X^* 和 PH 的损失函数，$\mathcal{L}(H, HZ)$ 为计算 H 和 HZ 的损失函数，λ_1 和 λ_2 为均衡因子，$\Omega(\cdot)$ 为正则化项。

考虑到模型的鲁棒性，采用低秩表示的子空间学习方法，目标函数表示为

$$\min_{P,H,Z,E_h,E_r} \|E_h\|_{2,1} + \lambda_1 \|E_r\|_{2,1} + \lambda_2 \|Z\|_* = \min_{P,H,Z,E_h,E_r} \|E\|_{2,1} + \lambda \|Z\|_*$$

$$\tag{4-8}$$

$$X = PH + E_h, H = HZ + E_r, PP^T = I, E = [E_h; E_r]$$

上式中，E_h 为隐空间重构误差矩阵，E_r 为隐空间 H 中的噪声数据矩阵，λ_1、λ_2 为均衡因子，$\|\cdot\|_{2,1}$ 为矩阵的 $l_{2,1}$ 范数，其满足矩阵的自反性、非负性、对称性和三角不等式关系。$\|Z\|_*$ 为矩阵 Z 的核范数，是矩阵奇异值的和，用于约束矩阵的低秩，利用稀疏矩阵表示恢复数据和提取特征。通过约束 $PP^T = I$ 得到相似矩阵 P 和隐空间矩阵 H。以 $\|E_r\|_{2,1}$ 为例，$\|E_r\|_{2,1} = \sum_{i=1}^{d} \sqrt{\sum_{j=1}^{n} |E_{ri,j}|^2}$。另外，以 $\|Z\|_*$ 为例，$\|Z\|_* = \mathrm{tr}(\sqrt{X^T X})$。

4.3.2 方法优化

本章方法的学习目标是从多个视图中学习隐空间表征，并得到该隐空间表征的相似矩阵。考虑到目标函数并非全部变量的凸函数，本章方法采用基于交替方向最小化（Alternating Direction Minimizing，ADM）的增广拉格朗日乘子法（Augmented Lagrange Multiplier，ALM）求解矩阵秩最小化问题。

首先，构造目标函数对应的增广拉格朗日函数，具体如下：

$$\begin{aligned} L(P,H,Z,E_h,E_r,M) &= \|E_h\|_{2,1} + \lambda_1 \|E_r\|_{2,1} + \lambda_2 \|Z\|_* + \Phi(Q_1, X - PH - E_h) + \\ &\quad \Phi(Q_2, H - HZ - E_r) + \Phi(Q_3, M - Z) \\ &= \|E\|_{2,1} + \lambda \|M\|_* + \Phi(Q_1, X - PH - E_h) + \\ &\quad \Phi(Q_2, H - HZ - E_r) + \Phi(Q_2, M - Z) \end{aligned} \tag{4-9}$$

$$PP^T = I, M = Z$$

上式中，Q_1、Q_2、Q_3 为拉格朗日乘子，$\Phi(\cdot)$ 函数的计算过程为：以 $\Phi(A \cdot B)$ 为例，$\Phi(A, B) = \langle A, B \rangle + \frac{\mu}{2} \|B\|_F^2$，且 μ 表示正的惩罚参数，$\langle A, B \rangle = \mathrm{tr}(A^T B)$ 表示矩阵 A 与 B 的内积。

然后，使用拉格朗日乘子法交替迭代矩阵 P、H、Z、E、M，直到满足终止条件为止。将目标函数分解成单变量更新的若干子问题进行优化，分别更新

P、H、Z、E、M 及 Q_1、Q_2、Q_3。具体过程如下：

（1）更新投影矩阵 P。固定除 P 以外的其他变量，得到关于 P 的优化函数为：

$$P^* = \mathop{\arg\min}_{P} \Phi(Q_1, X - PH - E_h)$$

$$= \mathop{\arg\min}_{P} \langle Q_1, X - PH - E_h \rangle + \frac{\mu}{2} \|X - PH - E_h\|_F^2$$

$$= \mathop{\arg\min}_{P} \mathrm{tr}(Q_1^\mathrm{T}(X - PH - E_h)) + \frac{\mu}{2} \|X - PH - E_h\|_F^2 \quad (4-10)$$

$$PP^\mathrm{T} = I$$

上式解为 UV^T，其中 U 和 V 为矩阵 $(\dfrac{Q_1}{\mu} + X - E_h)H^\mathrm{T}$ 对应的左奇异向量和右奇异向量。由此，式（4-10）可表示为

$$P^* = \mathop{\arg\min}_{P} \Phi(Q_1, X - PH - E_h) = \arg\min \frac{\mu}{2} \|X + PH - E_h + Q_1\|_F^2$$

$$= \arg\min \frac{\mu}{2} \left\| \left(X + \frac{Q_1}{\mu} - E_h\right)^\mathrm{T} - PH \right\|_F^2$$

$$= \arg\min \frac{\mu}{2} \left\| \left(X + \frac{Q_1}{\mu} - E_h\right)^\mathrm{T} - H^\mathrm{T} P^\mathrm{T} \right\|_F^2 \quad (4-11)$$

$$PP^\mathrm{T} = I$$

（2）更新隐空间矩阵 H。固定除 H 以外的其他变量，得到关于 H 的优化函数为

$$H^* = \mathop{\arg\min}_{H} \Phi(Q_1, X - PH - E_h) + \Phi(Q_2, H - HZ - E_r) \quad (4-12)$$

对 H 求导并使其为 0，求得：

$$A = \mu P^\mathrm{T} P \quad (4-13)$$

$$B = \mu(Z^\mathrm{T}Z - Z - Z^\mathrm{T} + I) \quad (4-14)$$

$$C = (P^\mathrm{T} Q_1 + Q_2(Z^\mathrm{T} - I) + \mu(P^\mathrm{T} X + E_r^\mathrm{T} - P^\mathrm{T} E_h - E_r Z^\mathrm{T}) \quad (4-15)$$

由此得到隐空间矩阵 H 的唯一解，其中，A 为正定矩阵，B 为半正定矩阵，且 A 和 B 间不存在共同的特征值。

（3）更新自表达矩阵 Z。固定除变量 Z 以外的其他变量，优化函数表示为

$$Z^* = \mathop{\arg\min}_{Z} \Phi(Q_3, M - Z) + \Phi(Q_2, H - HZ - E_r) \quad (4-16)$$

对变量 Z 求导令其为 0，求得：

$$Z^* = (H^\mathrm{T} H + I)^{-1} \left[(M + H^\mathrm{T} H - H^\mathrm{T} E_r) + \frac{Q_3 + H^\mathrm{T} Q_2}{\mu} \right] \quad (4-17)$$

（4）更新误差矩阵 E。固定除变量 E 以外的其他变量，优化函数如下：

$$E^* = \underset{E}{\operatorname{argmin}} \|E\|_{2,1} + \Phi(Q_1, X - PH - E_h) + \Phi(Q_2, H - HZ - E_r)$$

$$(4-18)$$

通过相关文献中的定理，变量 E_r 和 E_h 的解分别为

$$E_r = \begin{cases} \left(1 - \dfrac{\lambda_1}{\mu \|B\|_2}\right)B, & B > \dfrac{\lambda_1}{\mu} \\ 0, & \text{其他} \end{cases} \qquad (4-19)$$

式中，$B = H - HZ + \dfrac{Q_1}{\mu}$。

$$E_h = \begin{cases} \left(1 - \dfrac{\lambda_2}{\|A\|_2}\right), & A > \dfrac{\lambda_2}{\mu} \\ 0, & \text{其他} \end{cases} \qquad (4-20)$$

式中，$A = X - PH + \dfrac{Q_2}{\mu}$。

将 A 和 B 共同构成矩阵 G，优化函数简化为

$$E^* = \underset{E}{\operatorname{argmin}} \frac{1}{\mu} \|E\|_{2,1} + \frac{1}{2} \|E - G\|_F^2 \qquad (4-21)$$

（5）更新 M。优化函数如下：

$$\begin{aligned} M^* &= \underset{M}{\operatorname{argmin}} \lambda \|M\|_* + \Phi(Q_3, M - Z) \\ &= \frac{\lambda}{\mu} \|M\|_* + \frac{1}{2} \left\|M - \left(Z - \frac{Q_3}{\mu}\right)\right\|_F^2 \end{aligned} \qquad (4-22)$$

这里采用奇异值阈值的方法求解 M，对矩阵 $(Z - Q_3/\mu)$ 进行奇异值分解，得到变量 M 的解：

$$M = U S_{\frac{\lambda_2}{\mu}}(\Sigma) V^{\mathrm{T}} \qquad (4-23)$$

上式中，$S_{\frac{\lambda_2}{\mu}}(\Sigma)$ 为收缩算子。

（6）更新拉格朗日乘子 Q_1、Q_2、Q_3。根据 ALM 算法，拉格朗日乘子的更新函数如下：

$$\Phi(Q_1, X - PH - E_h) = \langle Q_1, X - PH - E_h \rangle + \frac{\mu}{2} \|X - PH - E_h\|_F^2$$

$$(4-24)$$

$$\Phi(Q_2, H - HZ - E_r) = \langle Q_2, H - HZ - E_r \rangle + \frac{\mu}{2} \|H - HZ - E_r\|_F^2$$

$$(4-25)$$

$$\Phi(Q_3, M - Z) = \langle Q_3, M - Z \rangle + \frac{\mu}{2} \|M - Z\|_F^2 \qquad (4-26)$$

令其为 0，求得解为

$$Q_1 = Q_1 + \mu(\boldsymbol{X} - \boldsymbol{PH} - \boldsymbol{E}_h) \qquad (4-27)$$

$$Q_2 = Q_2 + \mu(\boldsymbol{X} - \boldsymbol{PH} - \boldsymbol{E}_r) \qquad (4-28)$$

$$Q_3 = Q_3 + \mu(\boldsymbol{M} - \boldsymbol{Z}) \qquad (4-29)$$

通过交替迭代更替上述每个变量,直到收敛。最后将包含视图差异性特征和一致性特征的隐空间矩阵 $\boldsymbol{H}$ 作为分类任务的输入矩阵,利用 $\boldsymbol{Z}$ 构建的相似矩阵 $\boldsymbol{P}$ 作为聚类的输入矩阵。

4.4 应用案例

为在分类与聚类任务中应用本章方法,并验证其有效性,特将本章方法与相关方法进行性能比较,验证提出的双反馈融合方法所学到的判别性融合表征在分类与聚类任务中的优越性能。下面将从方案设计、数据集、运行设置与环境、评测标准、基准算法、分类结果与分析、聚类任务结果与分析七部分展开介绍。

4.4.1 方案设计

为验证模型的可行性和有效性,方案设计框架图如图 4-4 所示。

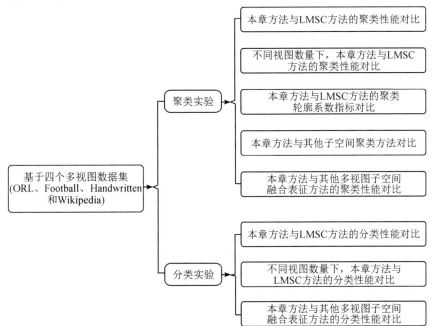

图 4-4　方案设计框架图

4.4.2 数据集

本章方法在 ORL、Football、Handwritten 和 Wikipedia 四个多视图数据集上进行应用。其中，Football、Handwritten 和 Wikipedia 这三个数据集已经在 3.4.2 节中进行了详细介绍，这里不再赘述。ORL 为本章新加入的数据集，该数据集共包括 40 个不同人的图像，包括三个特征：intensity，LBP，Gabor，三个特征看作三个视图。其中第一视图特征为 4096 维，第二视图特征为 3304 维，第三视图特征为 6750 维。

4.4.3 运行设置与环境

在方法应用中计算机配置环境是 3.6 GHz 六核 AMD 锐龙 r5 3600x 处理器，16 GB 内存，500 GB 闪存，2060super 显卡，Windows 10 系统，仿真软件为 python 3.7 和 MATLAB_R2017b。另外，均采用 90% 的数据集作为训练集，10% 的数据集作为测试集。隐空间 H 的维度设置为 100，权衡参数 λ 选择自 {0.001，0.01，0.1，10，100，1000}，参数设置与 LMSC 方法一致。

4.4.4 评测标准

（1）聚类效果的评测标准采用聚类精度（Precision）、召回率（Recall）、F1值和准确率（Accuracy）。评测标准计算方法已在第 3.4.4 节中进行了详细介绍，不再赘述。

在本应用中，增加了轮廓系数（Silhouette_score）指标，该指标是结合内聚度和分离度的聚类效果评价指标，值越接近 1，说明聚类越合理。计算标准如下：

$$\text{Silhouette}_{score} = \frac{b(i) - a(i)}{\max\{a(i), b(i)\}} \qquad (4-30)$$

式中，$a(i)$ 为样本 i 到同簇内其他样本的平均距离，称为样本的簇内不相似度，$b(i)$ 为样本 i 到其他簇内其他所有样本的平均距离，称为样本的簇间不相似度。

（2）分类效果的评测标准采用分类精度（Precision）、召回率（Recall）、F1值和准确率（Accuracy）。评测标准计算方法已在 3.4.4 节中进行了详细介绍，这里不再赘述。

4.4.5 基准方法

本章 LFR-MLFE 方法与以下 10 种基准方法进行对比，根据方法适用任务的不同，将基准方法分为如下几类：

（1）只适用于聚类任务的基准方法。具体有如下几种：

• 多视图隐空间学习 LMSC。该方法实现了将多视图隐空间学习应用到子空间聚类方法中，聚类性能得到明显的提升，本章方法是基于该方法改进的。

• 协同回归 Co-Reg SPC。该方法采用协同正则化思想，实现了多视图的一致性表达。

• 低秩聚类表征 LRR$_{BestSV}$。该方法是最好的单视图子空间低秩聚类表征学习方法。

• Min-Disagreement 最小分歧。该方法是基于"最小化分歧"的思想，创建了一个二部图。解决了两视图谱聚类的问题，由于该方法适用于两视图聚类，因此，在应用结果中采用的是两视图最好的结果。

• 鲁棒多视图谱聚类方法 RMSC。该方法将每个视图构造成一个转移概率矩阵，然后利用这些矩阵恢复出公共的低秩转移概率矩阵，作为最终聚类方法的输入，该方法具有低秩稀疏分解的特点。另外，为解决方法的优化问题，此方法提出了基于增广拉格朗日乘子格式的优化方法。

（2）同时适用于聚类和分类任务的方法。具体有如下几种：

• 典型相关性分析 CCA。该方法用于计算两视图的最大相关系数。

• 深度典型相关性分析 DCCA。该方法是 CCA 基于深度网络的扩展，能够学习两视图的非线性映射，再计算最大相关系数，但有视图数量的局限性。

• 深度广义典型相关性分析 DGCCA。该方法解决了 DCCA、GCCA 的不足。

• 基于双反馈机制的视图相关性增强表征的多视图学习 MSL-DDF。该方法为第 3 章提出的方法，属于 CCA-based 的改进方法，优于最新的 DGCCA 方法。加入该基准方法，能够更全面地验证本章方法的分类性能。

• 多视图隐空间学习 LMSC。该方法为多视图的聚类方法，先计算多视图的隐空间表征，再利用学习到的自表达矩阵进行聚类，本章方法的重点在于提升隐空间表征完成任务的能力，为此将 LMSC 方法学习的隐空间作为分类任务的输入矩阵得到分类预测结果，再与本章方法进行对比。

4.4.6 聚类任务结果与分析

（1）**本章多视图深度特征增强的隐空间融合表征方法（LFR-MLFE）与多视图隐空间聚类学习方法（LMSC）聚类性能对比。**

为验证本章采用动态路由机制提升 LMSC 隐空间学习效果的可行性，首先，根据子空间聚类方法，利用本章方法和 LMSC 方法分别计算全部视图下的重构系数矩阵 Z，利用 Z 学习相似矩阵 S 作为聚类的输入。结果如表 4-1 所示，表中粗体的值为最优值。

表 4-1　多视图隐空间聚类学习方法与多视图深度特征增强的隐空间融合表征方法的聚类性能对比

数据集	方法	视图数量	聚类精度	召回率	F1 值	准确率
ORL	多视图隐空间聚类学习方法	3（全部视图）	0.0268	0.0317	0.0280	0.0325
	多视图深度特征增强的隐空间融合表征方法		**0.0306**	**0.0342**	**0.0309**	**0.035**
Football	多视图隐空间聚类学习方法	9（全部视图）	**0.0907**	**0.1017**	**0.0948**	**0.0847**
	多视图深度特征增强的隐空间融合表征方法		0.0529	0.0693	0.0504	0.0726
Handwritten	多视图隐空间聚类学习方法	6（全部视图）	0.01	0.0089	0.0094	0.011
	多视图深度特征增强的隐空间融合表征方法		**0.0768**	**0.0675**	**0.0615**	**0.0845**
Wikipedia	多视图隐空间聚类学习方法	2（全部视图）	0.0043	0.02	0.0064	0.0211
	多视图深度特征增强的隐空间融合表征方法		**0.0701**	**0.0638**	**0.0596**	**0.0723**

从表中发现：在三个数据集上，本章方法性能表现均高于 LMSC 方法，以 ORL 数据集为例，Precision、Recall、F1、Accuracy 指标，本章方法较 LMSC

分别提高了 14.2%、7.8%、10.4%和 7.7%。从本章方法与 LMSC 的聚类性能对比结果图 4-5 中可看出,在 Handwritten 和 Wikipedia 数据集上,聚类指标均有提升,以上结果表明提高视图的表征能力可提升相似矩阵的聚类学习能力。

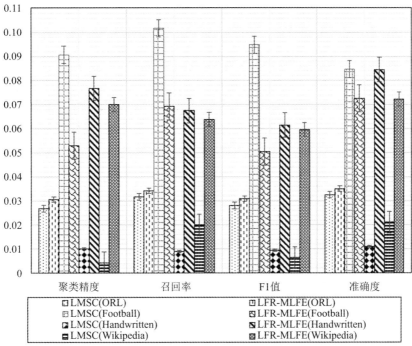

图中,LMSC 为**多视图隐空间聚类学习模型**,LFR-MLFE 为多视图深度特征增强的隐空间融合表征模型

图 4-5　LMSC 方法与本章方法 LFR-MLFE 的聚类性能对比

(2) **不同视图下,本章 LFR-MLFE 与 LMSC 方法的聚类性能对比。**

利用单视图学习的隐空间的表征能力进行探索,在单视图上,本章 LFR-MLFE 与 LMSC 的聚类性能对比结果如表 4-2,表中粗体的值为最优值,其结果可视化图如图 4-6 所示。从表和图中发现:LFR-MLFE 和 LMSC 分别利用单视图学习隐空间,LFR-MLFE 方法性能总体不如 LMSC 方法,LFR-MLFE 和 LMSC 分别利用多视图学习隐空间后,LFR-MLFE 方法比 LMSC 方法学习效果更优。

表 4-2   在单视图上，多视图隐空间聚类学习方法 LMSC 与多视图深度特征
增强的隐空间融合表征方法 LFR-MLFE 的聚类性能对比

数据集	方法	视图	聚类精度	召回率	F1 值	准确率
ORL	多视图隐空间聚类学习方法	视图 1	**0.0293**	0.022	0.0208	0.0225
	多视图深度特征增强的隐空间融合表征方法		0.0251	**0.0317**	**0.0266**	**0.0325**
	多视图隐空间聚类学习方法	视图 2	**0.0366**	**0.0317**	**0.0275**	**0.0325**
	多视图深度特征增强的隐空间融合表征方法		0.034	0.0195	0.0154	0.02
	多视图隐空间聚类学习方法	视图 3	**0.0687**	**0.0366**	**0.0463**	**0.0375**
	多视图深度特征增强的隐空间融合表征方法		0.0269	0.03658	0.029	0.0375
Wikipedia	多视图隐空间聚类学习方法	视图 1	0.0567	**0.0764**	**0.0507**	**0.0799**
	多视图深度特征增强的隐空间融合表征方法		**0.0950**	0.0235	0.0262	0.0223
	多视图隐空间聚类学习方法	视图 2	0.0564	0.0701	0.0539	0.0625
	多视图深度特征增强的隐空间融合表征方法		**0.0771**	0.0651	**0.0673**	**0.0716**

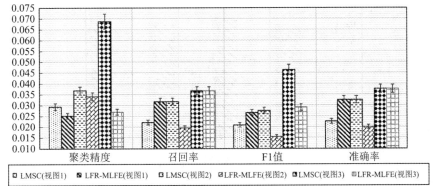

图中,LMSC为**多视图隐空间聚类学习模型**,LFR-MLFE为多视图深度特征增强的隐空间融合表征模型

(a) ORL数据集

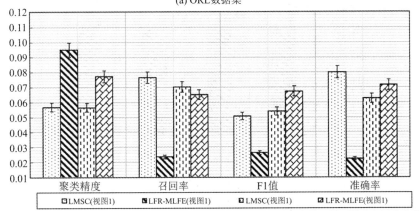

图中,LMSC为**多视图隐空间聚类学习模型**,LFR-MLFE为多视图深度特征增强的隐空间融合表征模型

(b) Wikipedia数据集

图 4-6 在单视图上,本章方法 LFR-MLFE 与 LMSC 方法的聚类性能对比

（3）**本章 LFR-MLFE 与 LMSC 的聚类轮廓系数指标对比**。

为综合评价本章 LFR-MLFE 方法的聚类性能,应用中加入轮廓系数指标,该指标是结合内聚度和分离度的聚类效果评价指标,值越接近 1,说明聚类越合理。本章方法 LFR-MLFE 与 LMSC 方法的聚类轮廓系数指标对比结果如表 4-3,结果可视化如图 4-7 所示,结果表明:

① LFR-MLFE 方法在两个数据集上的轮廓系数均高于 LMSC。以 ORL 数据集应用结果为例,随着聚类数量的增加,LFR-MLFE 的轮廓系数值较 LMSC 更高,LMSC 的轮廓系数值相对提升不高,而且会有下降。以 Handwritten 数据集

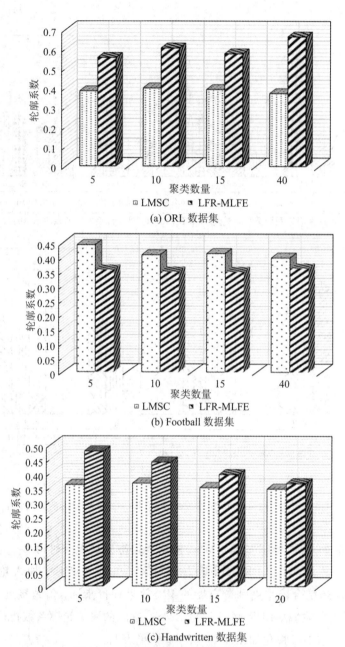

(a) ORL 数据集

(b) Football 数据集

(c) Handwritten 数据集

图中, LMSC为多视图隐空间聚类学习模型, LFR-MLFE
为多视图深度特征增强的隐空间融合表征模型

图 4-7 在不同数据集上, 本章方法 LFR-MLFE 与 LMSC
方法的聚类轮廓系数对比可视化

为例，当聚类数量分别为 5、10、15、20 时，LFR-MLFE 较 LMSC 的轮廓系数值分别提升了 33.1%、20.4%、13.3%和 7.3%。结果证明了本章方法的聚类结果性能较 LMSC 有显著提升。

② 将两种方法分别在 ORL 数据集应用，在不同聚类数量下，LFR-MLFE 较 LMSC 的聚类轮廓系数提升显著，在 Handwritten 数据集上，聚类数量为 5 和 10 时，LFR-MLFE 提升较显著，聚类数量为 15 和 20 时，提升程度相对较小。在 Football 数据上，LFR-MLFE 的聚类轮廓系数较 LMSC 偏低一些，约降低了 8%～19%。以上结果表明，在部分数据集上，LFR-MLFE 和 LMSC 均满足：视图数量越多，融合表征计算复杂度高，影响了融合表征的聚类性能，方法的聚类合理性轮廓系数指标略有下降。

表 4-3　本章方法 LFR-MLFE 与 LMSC 方法的聚类轮廓系数指标对比

数据集	方　　法	聚类数量	轮廓系数
ORL	多视图隐空间聚类学习方法 LMSC	5	0.3847
	多视图深度特征增强的隐空间融合表征方法 LFR-MLFE		**0.5556**
	多视图隐空间聚类学习方法 LMSC	10	0.4007
	多视图深度特征增强的隐空间融合表征方法 LFR-MLFE		**0.6048**
	多视图隐空间聚类学习方法 LMSC	15	0.3932
	多视图深度特征增强的隐空间融合表征 LFR-MLFE		**0.5762**
	多视图隐空间聚类学习方法 LMSC	40	0.3729
	多视图深度特征增强的隐空间融合表征 LFR-MLFE		**0.6634**
Football	多视图隐空间聚类学习方法 LMSC	5	**0.4446**
	多视图深度特征增强的隐空间融合表征方法 LFR-MLFE		0.3579
	多视图隐空间聚类学习方法 LMSC	10	**0.4101**
	多视图深度特征增强的隐空间融合表征 LFR-MLFE		0.3515
	多视图隐空间聚类学习方法 LMSC	15	**0.4149**
	多视图深度特征增强的隐空间融合表征 LFR-MLFE		0.3513
	多视图隐空间聚类学习方法 LMSC	20	**0.4002**
	多视图深度特征增强的隐空间融合表征 LFR-MLFE		0.3643

数据集	方 法	聚类数量	轮廓系数
Handwritten	多视图隐空间聚类学习方法 LMSC	5	0.3586
	多视图深度特征增强的隐空间融合表征 LFR-MLFE		**0.4772**
	多视图隐空间聚类学习方法 LMSC	10	0.3645
	多视图深度特征增强的隐空间融合表征 LFR-MLFE		**0.4389**
	多视图隐空间聚类学习方法 LMSC	15	0.3490
	多视图深度特征增强的隐空间融合表征 LFR-MLFE		**0.3954**
	多视图隐空间聚类学习方法 LMSC	20	0.3448
	多视图深度特征增强的隐空间融合表征 LFR-MLFE		**0.3699**

（3）**本章 LFR-MLFE 与其他子空间聚类方法对比**。

在关于 LMSC 方法的研究中，已有研究者在 ORL 数据集下进行了 LMSC 方法与其他基准方法的对比，因此，本章同样采用 ORL 数据集进行聚类应用，且参数设置与 LMSC 方法一样，结合 LMSC 研究中的结果和本章的应用结果，进行方法性能的综合分析，验证 LFR-MLFE 方法的有效性。

首先，以 Min-Disagreement 为基准方法，分别计算 Co-Reg SPC、LRR_{BestSV}、RMSC 和 LMSC 方法较 LRR_{BestSV} 方法的 F1 指标的提升率，然后，计算本章 LFR-MLFE 方法较 LMSC 的 F1 指标的提升率，不同方法的 F1 性能对比如图 4-8 所示。

从图 4-8 中可看出，LFR-MLFE 的 F1 综合指标提升率最高，MSL-LDF 方法较基准方法 LRR_{BestSV} 的 F1 和 Accuracy 指标提升率分别达到了 24.73% 和 19.25%，而 LMSC 方法较 LRR_{BestSV} 的 F1 和 Accuracy 指标提升率为 14.37% 和 11.56%，其他方法提升率在图中均已标注，结果说明 LFR-MLFE 方法在聚类任务中准确率最高。

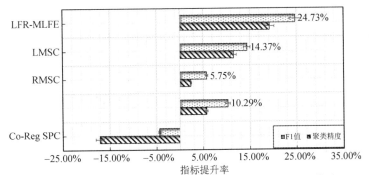

图中，LFR-MLFE为多视图深度特征增强的隐空间融合表征模型，
LMSC为多视图隐空间聚类学习模型，RMSC为鲁棒多视图谱聚类
模型，LRR为子空间低秩聚类模型，Co-Reg SPC协同正则化多视图
谱聚类模型

图 4 - 8　不同方法的性能对比

（4）**本章 LFR-MLFE 与其他多视图子空间学习方法的聚类性能对比。**

为进一步挖掘本章 LFR-MLFE 与其他多视图子空间学习方法的聚类性能差异性，将 LFR-MLFE 与具有代表性的 CCA-based 方法进行对比，结果如图 4 - 9 所示。

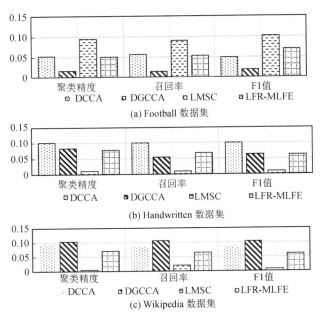

图中，DCCA为深度典型相关性分析，DGCCA为深度广义典型
相关性分析，LMSC为多视图隐空间聚类学习模型，
LFR-MLFE为多视图深度特征增强的隐空间融合表征模型

图 4 - 9　本章方法 LFR-MLFE 与 CCA-based 方法在不同数据集上的聚类性能对比

从图 4-9 中可以看出：在 Football 数据集上，虽本章方法 LFR-MLFE 较 LMSC 方法性能偏低，但均高于 CCA-based 方法，在 Handwritten 和 Wikipedia 数据集上，LFR-MLFE 方法均高于 LMSC 方法，在 Handwritten 数据集上，LFR-MLFE 的 F1 性能与 DGCCA 基本一致，但在 Wikipedia 数据集上，本章 LFR-MLFE 方法明显低于 CCA-based 方法。从中看出，在视图数量越多的数据集上，本章方法的聚类学习性能更好。

4.4.7 分类任务结果与分析

（1）本章 LFR-MLFE 与 LMSC 方法的分类性能对比。

为验证方法的分类性能，本章方法应用时采用 Precision、Recall、F1 值和 Accuracy 四个指标，分别对方法的分类性能进行评测，应用中采用的是 Softmax 分类器，分类器的输入为隐空间表征矩阵 H。本章方法 LFR-MLFE 与 LMSC 方法的分类性能对比结果如表 4-4 所示，从表中可看出：在四个数据集上，LFR-MLFE 各项性能指标均高于 LMSC 方法，以 F1 指标为例，在 ORL、Football、Handwritten 和 Wikipedia 数据集上，LFR-MLFE 方法比 LMSC 分别提高了 1.2 倍、8%、21.3%、5%，其他指标也均有提升。结果证明了 LFR-MLFE 提升了视图融合表征的学习能力，也提升了隐空间表征 H 在分类任务上的学习性能。

表 4-4　本章方法 LFR-MLFE 与 LMSC 方法的分类性能对比

数据集	方　法	视图数量	分类精度	召回率	F1 值	准确率
ORL	多视图隐空间聚类学习方法 LMSC	3（全部视图）	0.0338	0.0667	0.0258	0.0417
	多视图深度特征增强的隐空间融合表征 LFR-MLFE		**0.0648**	**0.0842**	**0.0574**	**0.0583**
Football	多视图隐空间聚类学习方法 LMSC	9（全部视图）	**0.3096**	0.2091	0.1943	0.2267
	多视图深度特征增强的隐空间融合表征 LFR-MLFE		0.2456	**0.2375**	**0.2099**	**0.2533**

基于融合表征的多视图学习方法

数据集	方 法	视图数量	分类精度	召回率	F1 值	准确率
Handwritten	多视图隐空间聚类学习方法 LMSC	6 (全部视图)	0.5204	0.4973	0.4858	0.4883
	多视图深度特征增强的隐空间融合表征 LFR-MLFE		**0.6344**	**0.5852**	**0.5892**	**0.5817**
Wikipedia	多视图隐空间聚类学习方法 LMSC	2 (全部视图)	0.5677	0.5056	0.5026	0.5500
	多视图深度特征增强的隐空间融合表征 LFR-MLFE		**0.6550**	**0.5171**	**0.5276**	**0.5721**

（2）不同视图数量下，本章 LFR-MLFE 方法与 LMSC 方法的分类性能对比。

本章应用中分别对单视图进行动态路由机制表征后，学习单视图的隐空间表征 H，进行分类任务，结果及可视化见表 4-5、图 4-10、图 4-11 和图 4-12。首先，由表 4-5 可看到，不同视图下，本章 LFR-MLFE 方法的性能基本都高于 LMSC 方法，以 ORL 数据集为例，在三个单视图上，Precision 指标分别提升了 20.1％、44.6％和 1.29 倍。结果证明在单视图下，LFR-MLFE 方法提高了隐空间表征分类性能的稳定性。图 4-10 和图 4-11 为不同单视图和全部视图下的不同指标的提升情况，从图中可看到，LFR-MLFE 方法在不同视图下，性能提升程度略有不同，以 ORL 数据集为例，在第 3 个视图下，相比于其他单视图，四个评测指标均有大幅的提升。根据表 4-5，发现 ORL 数据集中，不同单视图的分类性能差异较大，但 Wikipedia 数据集不明显。根据图 4-10 和 4-11，发现 LFR-MLFE 方法在 ORL 数据集的多视图上的结果优于 LMSC，但是在单视图上性能却有下降，在 Wikipedia 数据集上，虽针对单视图的性能差异不大，但利用多视图时，性能明显高于单视图。从中发现：利用该类方法学习时，方法在单视图上分类性能差异较大时，融合表征的整体分类能力下降。

表 4 - 5　不同视图下，本章方法 LFR-MLFE 与 LMSC 方法的分类性能对比

数据集	方　　法	视图	分类精度	召回率	F1 值	准确率
ORL	多视图隐空间聚类学习方法 LMSC	视图 1	0.0974	0.1375	**0.1073**	**0.1250**
	多视图深度特征增强的隐空间融合表征方法 LFR-MLFE		**0.1170**	**0.1417**	0.0895	0.0750
	多视图隐空间聚类学习方法 LMSC	视图 2	0.1002	0.1250	0.1004	0.0417
	多视图深度特征增强的隐空间融合表征方法 LFR-MLFE		**0.1449**	**0.1646**	**0.1222**	**0.1250**
	多视图隐空间聚类学习方法 LMSC	视图 3	0.0847	0.1625	0.0857	0.0917
	多视图深度特征增强的隐空间融合表征方法 LFR-MLFE		**0.1947**	**0.2208**	**0.1648**	**0.1750**
Wikipedia	多视图隐空间聚类学习方法 LMSC	视图 1	**0.6677**	0.5188	**0.5197**	**0.5779**
	多视图深度特征增强的隐空间融合表征方法 LFR-MLFE		0.5086	**0.5760**	0.5109	0.5651
	多视图隐空间聚类学习方法 LMSC	视图 2	0.5799	0.4758	0.4823	0.5233
	多视图深度特征增强的隐空间融合表征方法 LFR-MLFE		**0.7105**	0.4929	**0.4986**	**0.5593**

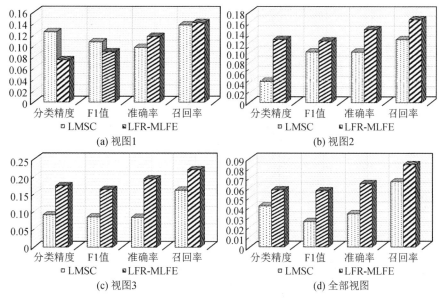

图中，LFR-MLFE为多视图深度特征增强的隐空间融合表征模型，
LMSC为为多视图隐空间聚类学习模型。

图 4 - 10　在 Wikipedia 数据集上，不同视图融合表征的分类性能对比

（3）本章 LFR-MLFE 与其他多视图融合表征方法的分类性能对比。

为进一步验证本章 LFR-MLFE 方法在分类任务中的稳定性能，分别将本章方法与具有代表性的 CCA-based 方法进行对比，本章方法 LFR-MLFE 与融合表征方法的分类性能对比如表 4 - 6 所示。从表中看出，LFR-MLFE 方法在各数据集上的性能较 LMSC 性能均有稳定提升，在 Wikipedia 数据集上，LFR-MLFE 方法的性能指标较 CCA-based 均有所提升，但略低于本文第四章提出的 MSL-DDF 方法，在另两个数据集上，本章 LFR-DDF 方法的性能指标和 LMSC 方法的性能指标均低于其他 CCA-based。从数据集的情况分析，在视图较少的数据集上，LFR-MLFE 性能较稳定，但在视图数量较多的数据集上，分类性能不如 CCA-based。从目标函数上分析，CCA-based 方法设计中以相关性最大为最终目标，而本章方法只考虑到了数据本身的全局相关性，未考虑局部关系，影响了方法的分类性能。因此下一步仍有继续研究的空间，如：子空间聚类目标优化中采用最小二乘回归子空间；在隐空间学习前加入视图间的相关性学习约束；将自表达矩阵 Z 分解为子空间矩阵，可增强其相似性和互补性学习能力等。

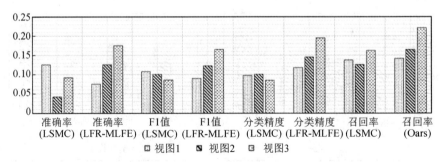

(a) ORL数据集

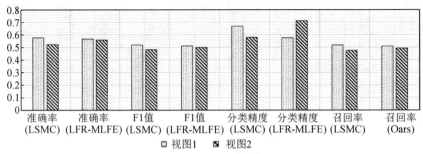

(b) Wikipedia数据集

图中，LFR-MLFE为多视图深度特征增加强的隐空间融合表征模型，
LMSC为多视图隐空间聚类学习模型。

图 4-11　不同视图的分类性能综合对比

表 4-6　本章方法 LFR-MLFE 与融合表征方法的分类性能对比

数据集	方　法	视图数量	分类精度	召回率	F1 值	准确率
Football	多视图隐空间聚类学习方法	9（全部视图）	0.3096	0.2091	0.1943	0.2267
	深度广义典型相关性分析方法		0.1453	0.2372	0.1685	0.0816
	典型相关性分析方法		0.1569	0.3867	0.1719	0.0766
	深度典型相关性分析方法		0.3143	0.4769	0.3191	0.2485
	基于双反馈机制的多视图子空间学习方法		**0.3831**	**0.4552**	**0.2906**	0.1361
	多视图深度特征增强的隐空间融合表征方法		0.2456	0.2375	0.2099	**0.2533**

基
于
融
合
表
征
的
多
视
图
学
习
方
法

数据集	方 法	视图数量	分类精度	召回率	F1 值	准确率
Handwritten	多视图隐空间聚类学习方法	6（全部视图）	0.5204	0.4973	0.4858	0.4883
	深度广义典型相关性分析方法		0.9852	0.9848	0.9849	0.9850
	典型相关性分析方法		0.9045	0.9028	0.9027	0.9028
	深度典型相关性分析方法		0.7452	0.7472	0.7379	0.7472
	基于双反馈机制的多视图子空间学习方法		**0.9856**	**0.9855**	**0.9852**	**0.9850**
	多视图深度特征增强的隐空间融合表征方法		0.6344	0.5852	0.5892	0.5817
Wikipedia	多视图隐空间聚类学习方法	2（全部视图）	0.5677	0.5056	0.5026	0.5500
	深度广义典型相关性分析方法		0.4928	0.4874	0.4856	0.5036
	典型相关性分析方法		0.5320	0.5373	0.5172	0.6017
	深度典型相关性分析方法		0.3856	0.3557	0.3440	0.4040
	基于双反馈机制的多视图子空间学习方法		**0.8035**	**0.5985**	**0.5615**	**0.5786**
	多视图深度特征增强的隐空间融合表征方法		0.6550	0.5171	0.5276	0.5721

第 4 章 基于多视图深层特征增强的隐空间融合表征方法

4.5　本 章 小 结

　　本章针对多视图子空间聚类中同时学习视图一致性和差异性的问题，提出一种基于多视图深度特征增强的隐空间融合表征方法，研究如何充分利用子空间聚类学习的一致性优势，增强视图深层特征的表达能力。该方法包括三个学习机制：基于动态路由机制的视图增强学习、基于隐空间学习的视图融合、基于子空间聚类的自表达学习。该方法的模型实现过程为：第一步，单视图增强学习；第二步，学习视图的公共隐空间；第三步，基于隐空间的自表达矩阵学习，得到包含视图最大一致性和差异性的子空间表示；第四步，根据子空间聚类原理，利用自表达矩阵计算相似度矩阵 S，并基于 S 进行聚类。在四个数据集上应用本章方法性能，结果表明，增强视图表征提升了方法聚类和分类性能；视图数量越多，聚类性能越好，方法的聚类合理性轮廓系数指标略有下降，可能视图越多提高了融合表征计算复杂度高，影响了融合表征的聚类合理性；方法聚类准确性高于基准方法；方法在单视图上分类性能差异较大时，融合表征后的整体分类能力下降。

第 5 章

基于多视图差异性和一致性的
聚类融合增强学习方法

5.1 研究背景

聚类是根据数据中样本的相似性将样本划分在不同的簇中,每个簇中样本相似性较高,通常相似性采用距离度量。如何将多视图数据的相关性、一致性或互补性信息融合得到比单视图更优的聚类结果,是多视图聚类学习中具有研究价值的课题。

多视图聚类方法分为两大类:基于特征级学习的多视图聚类和基于决策级学习的多视图聚类。第一类方法的基本思想是将多视图特征融合成公共表征,将多视图聚类学习转化为单视图聚类学习,如:LMSC 方法是典型的特征级学习方法,先学习多视图公共隐空间,再进行单视图子空间聚类。该类方法中单视图特征学习和融合机制直接影响方法性能。第二类方法的基本思想是先单独对每个视图进行聚类,然后利用单视图聚类结果得出多视图聚类结果,如:Kumar 等人提出基于协同正则化的多视图聚类方法,先分别对单视图进行聚类得到低维表示矩阵,再采用协同正则化方法对低维表示矩阵建模,得到一致表示矩阵。该类方法的难点是如何实现单视图聚类结果的融合，且聚类性能很大程度上依赖于单视图聚类结果。本章重点研究第一类方法，该类方法仍有改进空间，具体如下：

（1）对聚类分析任务而言，在多视图数据学习中，不仅需保证相同视图内的同类别样本相似性最高，而且需保证不同视图间的同类别样本间相似性最高，但现有方法中缺少关于视图差异性和一致性共同学习的设计。

（2）传统多视图聚类学习中虽考虑到视图深度特征学习，但如何学习多维空间中具有良好分布的隐含特征，提升融合表征的聚类性能有待研究。

为解决以上问题，本章提出了一种基于多视图差异性和一致性的聚类融合增强学习方法（Clustering Fusion Enhancement Learning with Multi-view Differences and Consistency，CFEL-MDC）。为解决第一个问题，受多视图度量学习方法（Fisher-HSIC Multi-View Metric Learning，FISH-MML）启发，该方法首先采用基于线性判别分析 FDA（Fisher Discriminant Analysis）和 Hilbert-Schmidt 独立性准则（Hilbert-Schmidt Independence Criteria，HSIC）的度量学习视图特征，保证在新视图特征空间中，视图内同类样本的距离最小、视图间不同类别样本的距离最大，实现了局部和全局的视图关系的度量。为解决第二个问题，利用动态路由机制学习单视图的隐特征，强化了视图间的差异性表达。最后，方法采用应用效果较好的广义典型相关性分析方法，学习视图的公共表征。

本章主要内容如下：第 5.1 节介绍问题背景和本章主要研究工作；第 5.2 节介绍本章研究涉及的基础方法；第 5.3 节进行方法描述；第 5.4 节在四个公开多视图数据集上对方法性能进行评测；第 5.5 节对本章进行小结。

5.2　基础方法

为更好地理解本章提出的方法原理，下面将介绍与本章内容相关的三个基础方法：线性判别分析、Fisher 判别分析、Hilbert-Schmidt 独立性准则的方法原理。

5.2.1　线性判别分析

线性判别分析（Linear Discriminant Analysis，LDA）也称距离判别法，先计算各类样本的重心，然后计算新样本到各类重心的距离（通常采用欧氏距离或马氏距离），根据距离最短原则确定新样本的分类情况。计算过程如下。

给定已知归属于两种类别的样本集 G_1 和 G_2，新样本为 $X = [x_1, x_2, \cdots, x_n]$，

为确定样本 $\boldsymbol{X}$ 归属于哪种类别,运算过程如下:

第一步:距离计算。

若采用欧氏距离,则有:

$$D(\boldsymbol{X},\boldsymbol{G}_i) = \sqrt{(\boldsymbol{X} - \overline{\boldsymbol{X}}^{(i)})^{\mathrm{T}}(\boldsymbol{X} - \overline{\boldsymbol{X}}^{(i)})} \tag{5-1}$$

上式中,$i = 1,2$,$\overline{\boldsymbol{X}}^{(i)}$ 为第 i 类样本的重心(即均值)。

若采用马氏距离,则有:

$$D(\boldsymbol{X},\boldsymbol{G}_i) = \sqrt{(\boldsymbol{X} - \overline{\boldsymbol{X}}^{(i)})^{\mathrm{T}}(\boldsymbol{\Sigma}^{(i)})^{(-1)}(\boldsymbol{X} - \overline{\boldsymbol{X}}^{(i)})} \tag{5-2}$$

上式中,$i = 1,2$,$\overline{\boldsymbol{X}}^{(i)}$ 为第 i 类样本的重心,$(\boldsymbol{\Sigma}^{(i)})^{(-1)}$ 为第 i 类样本的协方差矩阵的逆矩阵。

第二步:类别判定。

若 $D(\boldsymbol{X},\boldsymbol{G}_1) < D(\boldsymbol{X},\boldsymbol{G}_2)$,则样本 $\boldsymbol{X}$ 属于第 1 类。

若 $D(\boldsymbol{X},\boldsymbol{G}_2) < D(\boldsymbol{X},\boldsymbol{G}_1)$,则样本 $\boldsymbol{X}$ 属于第 2 类。

若 $D(\boldsymbol{X},\boldsymbol{G}_2) = D(\boldsymbol{X},\boldsymbol{G}_1)$,则类别无法确定。

5.2.2　Fisher 判别分析

Fisher 判别分析(Fisher Discriminant Analysis,FDA)常用于聚类分析问题中,首先根据不同类别的特征选定判别函数,在学习最优投影方向时,将样本尽可能分开。设计判别函数的原则是"同类间差异性最小,不同类间差异性最大"。

假定已知两种类别的样本集 $\boldsymbol{G}_1$ 和 $\boldsymbol{G}_2$,未知类别样本 $\boldsymbol{X} = [x_1,x_2,\cdots,x_n]$,需确定样本 $\boldsymbol{X}$ 属于哪个类别:第一步,将训练样本 $\boldsymbol{G}_1$ 和 $\boldsymbol{G}_2$ 投影到一条直线上,使同类样本的投影尽可能靠近该直线,不同类的样本尽可能远离该直线;第二步,将样本 $\boldsymbol{X}$ 投影,根据投影点靠近与远离直线的位置确定归属类别;最后,该直线为 FDA 方法中寻找的线性判别函数。

FDA 过程示意图如图 5-1 所示。下面以二分类为例,阐述计算过程。

假设过原点的直线的单位方向向量为 w,样本点 x 与直线的夹角为 θ,则样本点 x 到投影直线的距离为:$|w| \times |x| \times \cos(\theta) = \langle w, x \rangle = w^{\mathrm{T}} x$。线性判别函数表示为:$y = w^{\mathrm{T}} x$,然后进行类内、类间的差异性计算。

(1)第一步:类内差异性最小。

各类别内样本偏差计算表达式为

$$\begin{aligned}(w^{\mathrm{T}} x - w^{\mathrm{T}} u_i)^2 &= [w^{\mathrm{T}}(x - u_i)]^2 = w^{\mathrm{T}}(x - u_i)[w^{\mathrm{T}}(x - u_i)]^{\mathrm{T}}\\ &= w^{\mathrm{T}}(x - u_i)(x - u_i)^{\mathrm{T}} w\end{aligned} \tag{5-3}$$

上式中,u_i 为第 i 类别中样本的均值。

两种类别的样本偏差之和为

$$J_t = \sum_{x \in G_1} (\boldsymbol{w}^{\mathrm{T}} \boldsymbol{x} - \boldsymbol{w}^{\mathrm{T}} \boldsymbol{u}_1)^2 + \sum_{x \in G_2} (\boldsymbol{w}^{\mathrm{T}} \boldsymbol{x} - \boldsymbol{w}^{\mathrm{T}} \boldsymbol{u}_2)^2$$

$$= \sum_{x \in G_1} \boldsymbol{w}^{\mathrm{T}} (\boldsymbol{x} - \boldsymbol{u}_1)(\boldsymbol{x} - \boldsymbol{u}_1)^{\mathrm{T}} \boldsymbol{w} + \sum_{x \in G_2} \boldsymbol{w}^{\mathrm{T}} (\boldsymbol{x} - \boldsymbol{u}_2)(\boldsymbol{x} - \boldsymbol{u}_2)^{\mathrm{T}} \boldsymbol{w}$$

$$= \boldsymbol{w}^{\mathrm{T}} \sum_{x \in G_i} (\boldsymbol{x} - \boldsymbol{u}_i)(\boldsymbol{x} - \boldsymbol{u}_i)^{\mathrm{T}} \boldsymbol{w}$$

$$= \boldsymbol{w}^{\mathrm{T}} \boldsymbol{S}_t \boldsymbol{w} \tag{5-4}$$

为保证类内差异性最小，即同类样本类内的投影样本点之间距离尽可能"近"，需使 $\boldsymbol{w}^{\mathrm{T}} \boldsymbol{S}_t \boldsymbol{w}$ 最小即可，将 $\boldsymbol{S}_t$ 称为类内散度矩阵。

基于融合表征的多视图学习方法

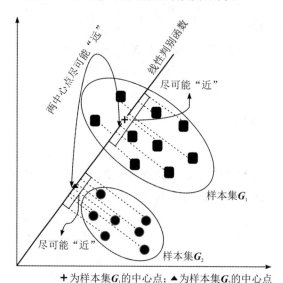

+为样本集G_1的中心点；▲为样本集G_2的中心点

图 5 - 1　FDA 过程示意图

（2）第二步：类间差异性最大。

不同类别样本均值到投影直线的投影距离计算表达式为

$$J_b = (\boldsymbol{w}^{\mathrm{T}} \boldsymbol{u}_1 - \boldsymbol{w}^{\mathrm{T}} \boldsymbol{u}_2)^2 = [\boldsymbol{w}^{\mathrm{T}} (\boldsymbol{u}_1 - \boldsymbol{u}_2)]^2 = \boldsymbol{w}^{\mathrm{T}} [\boldsymbol{u}_1 - \boldsymbol{u}_2][\boldsymbol{w}^{\mathrm{T}} (\boldsymbol{u}_1 - \boldsymbol{u}_2)]^{\mathrm{T}}$$

$$= \boldsymbol{w}^{\mathrm{T}} (\boldsymbol{u}_1 - \boldsymbol{u}_2)(\boldsymbol{u}_1 - \boldsymbol{u}_2)^{\mathrm{T}} \boldsymbol{w} = \boldsymbol{w}^{\mathrm{T}} \boldsymbol{S}_b \boldsymbol{w} \tag{5-5}$$

为使类间差异性最大，不同类间样本的投影样本点之间距离尽可能"远"，需使 $\boldsymbol{w}^{\mathrm{T}} \boldsymbol{S}_b \boldsymbol{w}$ 最大即可，将 $\boldsymbol{S}_b$ 称为类间散度矩阵。

（3）第三步：构造代价函数。

构造如下 Fisher 判别分析的代价函数：

$$L = \frac{J_b}{J_t} = \frac{\boldsymbol{w}^{\mathrm{T}} \boldsymbol{S}_b \boldsymbol{w}}{\boldsymbol{w}^{\mathrm{T}} \boldsymbol{S}_t \boldsymbol{w}} \tag{5-6}$$

（4）第四步：利用拉格朗日乘子法表示损失函数。

损失函数表示为

$$L(\boldsymbol{w}) = -\boldsymbol{w}^{\mathrm{T}}\boldsymbol{S}_b\boldsymbol{w} + \lambda(\boldsymbol{w}^{\mathrm{T}}\boldsymbol{S}_t\boldsymbol{w} - 1) \tag{5-7}$$

（5）第五步：求导。

求导，并令其为 0，得

$$\frac{\partial L(\boldsymbol{w})}{\partial \boldsymbol{w}} = (-2\boldsymbol{w}^{\mathrm{T}}\boldsymbol{S}_b + 2\lambda\boldsymbol{w}^{\mathrm{T}}\boldsymbol{S}_t)^{\mathrm{T}} = -2\boldsymbol{S}_b\boldsymbol{w} + 2\lambda\boldsymbol{S}_t\boldsymbol{w} = 0 \tag{5-8}$$

得出：

$$\boldsymbol{w} = \frac{1}{\lambda}\boldsymbol{S}_t^{-1}\boldsymbol{S}_b\boldsymbol{w} = \frac{1}{\lambda}\boldsymbol{S}_t^{-1}(\boldsymbol{u}_1 - \boldsymbol{u}_2)(\boldsymbol{u}_1 - \boldsymbol{u}_2)^{\mathrm{T}}\boldsymbol{w} \tag{5-9}$$

因为 $\boldsymbol{w}$ 的投影方向是求解目标，所以去掉上式中的标量，可得：

$$\boldsymbol{w}^* = \boldsymbol{S}_t^{-1}(\boldsymbol{u}_1 - \boldsymbol{u}_2) \tag{5-10}$$

（6）第六步：得到判别函数。

得到判别函数：$y = \boldsymbol{w}^{*\mathrm{T}}\boldsymbol{x}$，即得到最佳投影方向，在该方向上，可使"同类间差异性最小，不同类间差异性最大"。

5.2.3 Hilbert-Schmidt 独立性准则

Hilbert-Schmidt 独立性准则（HSIC）是基于核函数的度量变量间独立性的方法。给定样本 X 和 Y，样本 X 属于空间 F，样本 Y 属于空间 G，X 到 F 的非线性映射表示为 $\{\phi: X \rightarrow F\}$，$Y$ 到 G 的非线性映射表示为 $\{\psi: Y \rightarrow G\}$，定义 F 和 G 分别为 X 和 Y 的再生核希尔伯特空间，则 X 和 Y 中任意两点 x、x' 或 y、y' 在核空间的内积可由核函数得到，核函数表示为

$$k(x,x') = \langle\phi(x),\phi(x')\rangle, x,x' \in X \tag{5-11}$$

$$r(y,y') = \langle\psi(y),\psi(y')\rangle, y,y' \in Y \tag{5-12}$$

互协方差矩阵 $\{\boldsymbol{C}_{xy}: G \rightarrow F\}$，也可看作 Hilbert-Schmidt 算子，其表示为

$$\boldsymbol{C}_{xy} = E_{xy}[(\phi(x) - \mu_x)\otimes(\psi(y) - \mu_y)] = E_{xy}[k(x,\cdot)r(y,\cdot)] - \mu_x\mu_y \tag{5-13}$$

其中，$\mu_x = E_x[\phi(x)] = E_x[k(x,\cdot)]$ 为 $\phi(x)$ 的期望，$\mu_y = E_y[\psi(y)] = E_y[r(y,\cdot)]$ 为 $\psi(y)$ 的期望，$\otimes$ 为张量积，$\phi(x)$ 和 $\psi(y)$ 分别为样本变量 x 和 y 在空间 F 和 G 中的核函数。

HSIC 为互协方差算子的 H-S 范数平方，代表空间 F 中样本与空间 G 中样本的独立性程度，表达式为

$$\mathrm{HSIC}(P_{xy},F,G) = \|\boldsymbol{C}_{xy}\|_{\mathrm{HS}}^2 \tag{5-14}$$

其中，$\|\boldsymbol{C}_{xy}\|_{\mathrm{HS}} = \sqrt{\sum_{ij}(\boldsymbol{C}_{xy})_{ij}^2}$ 为互协方差矩阵 $\boldsymbol{C}_{xy}$ 的 Hilbert-Schmidt 范数。

将核函数数代入后，HSCI 表达式的核函数形式为

$$\text{HSIC}(P_{xy}, \boldsymbol{F}, \boldsymbol{G}) = E_{xx'yy'}[k(x, x')r(y, y')] + E_{xx'}[k(x, x')]E_{y_iy_j}[r(y, y')] - 2 E_{xy}[E_{x'}[k(x, x')]E_{y'}[r(y, y')]] \tag{5-15}$$

其中，$E_{xx'yy'}$ 为 (x, x') 和 (y, y') 的均值。从式(5-15)中可看出，HSCI 度量样本间的相关性是通过核函数 k 和 r 关于 x 和 y 的联合分布和边际分布的期望度量的。实际情况下，分别属于空间 $\boldsymbol{F}$ 和 $\boldsymbol{G}$ 的样本 X 和 Y 中向量的联合概率分布 P_{xy} 很难估计得出，往往会采用经验估值。给定符合联合概率分布 P_{xy} 的样本集合为：$Z = \{(x_1, y_1), (x_2, y_2), \cdots, (x_N, y_N)\}$，HSIC 的估计值为

$$\text{HSIC}(Z, \boldsymbol{F}, \boldsymbol{G}) = (N-1)^{-2}\text{tr}(\boldsymbol{KHRH}) \tag{5-16}$$

其中，矩阵 $\boldsymbol{K}$ 中元素组成为：$K_{ij} = \langle \phi(x_i), \phi(x_j) \rangle$，矩阵 $\boldsymbol{R}$ 中元素组成为：$R_{ij} = \langle \phi(y_i), \phi(y_j) \rangle$，矩阵 $\boldsymbol{H}$ 中元素组成为：$H = \boldsymbol{I} - m^{-1}\boldsymbol{ee}^{\text{T}}$，该式中 $\boldsymbol{I}$ 为单位矩阵，e 为元素全为 1 的列向量。

HSCI 的值越大，说明样本 X 和 Y 的相关性越大；反之，HSCI 值越小，说明样本相关性越弱（独立性越强）。

5.3　方法描述

本章提出的基于多视图差异性和一致性的聚类融合增强学习方法 CFEL-MDC，以提高多视图融合表征矩阵在聚类任务中的性能为目标，分别从单视图内同类样本的距离最小、多视图间不同类样本的距离最大、单视图增强表达和视图间相关性最大等方面进行设计，方法示意图如图 5-2 所示，主要包含三个子步骤，分别为：FDA、HSIC、隐特征学习及融合。从图 5-2 中看出，第一、二步分别通过 FDA 和 HSIC 学习视图新表征；第三步，利用动态路由机制对单视图的新表征进行隐特征学习；最后，利用广义典型相关性分析方法得到融合表征 $\boldsymbol{G}$，用于聚类任务。

本章的主要研究内容和创新点如下：

（1）提出了一种基于特征级融合的多视图聚类方法，该方法通过度量学习对原始视图特征进行初表征，并利用路由机制学习单视图隐特征，最后，学习公共表征。该方法不仅强化了视图内、间的表达，而且提高了融合表征的聚类学习性能。

（2）该方法采用 Fisher 判别分析方法学习单视图的最优投影方向，使单视图内的不同类别样本尽可能分开，同类别样本尽可能接近；然后采用 HSIC 学习不同视图间的相关性，以相关性最大为优化目标，利用不同视图间的一致性

约束，得到原始视图的初表征。

（3）该方法采用动态路由方法学习单视图初表征的隐特征，加强了对新视图的表征能力。

（4）采用广义典型相关性分析，学习到多视图的融合表征作为聚类输入，在四个数据集上进行多个应用效果对比，验证了本章提出方法的可行性和有效性。

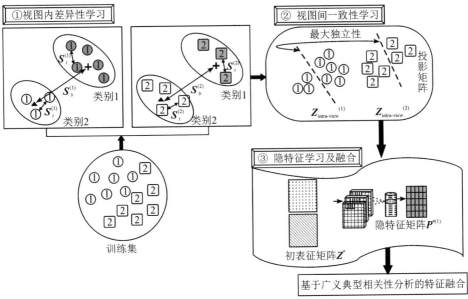

图中，$S_b^{(1)}$和$S_b^{(2)}$为类间散度矩阵，$S_t^{(1)}$和$S_t^{(2)}$为类内散度矩阵，$Z_{\text{intra-view}}^{(1)}$和$Z_{\text{intra-view}}^{(2)}$为视图内的投影矩阵。

图 5 - 2　DGMRL-MVC 方法示意图

下面分别介绍本章提出的 DGMRL-MVC 方法中的三个子模块：视图内（intra-view）差异性学习、视图间（inter-view）一致性学习和单视图隐特征学习及多视图融合的原理。其中，视图内差异性学习过程包括六步，视图间一致性学习过程包括两步，单视图隐特征学习及多视图融合过程包括四步。

5.3.1　视图内差异性学习

给定多视图数据集 $X = [X_1, X_2, \cdots, X_V]$，该数据集共 V 个视图，其中，第 v 个视图特征表示为：$X_v \in \mathbf{R}^{d_j \times N}$，$d_j$ 为特征的维度。每个视图内特征单独进行线性判别分析 FDA，学习目标为"同类间差别最小，不同类间差别最大"。以第 v 个视图为例，具体过程如下：

（1）第一步：计算属于不同类别的数据样本均值。

计算公式如下：

$$\boldsymbol{\mu}_j = \frac{1}{n_j} \sum_{i=1}^{n_j} \boldsymbol{x}_i^j \qquad (5-17)$$

其中，$\boldsymbol{x}_i^j$ 为第 v 个视图中第 j 类的第 i 个样本。

（2）第二步：计算全体样本均值。

计算公式如下：

$$\boldsymbol{\mu} = \frac{1}{n} \sum_{i=1}^{n} \boldsymbol{x}_i \qquad (5-18)$$

（3）第三步：计算类间散度矩阵。

计算公式如下：

$$\boldsymbol{S}_b^{(v)} = \frac{1}{n} \sum_{j=1}^{m} n_j (\boldsymbol{\mu}_j^{(v)} - \boldsymbol{\mu}^{(v)})(\boldsymbol{\mu}_j^{(v)} - \boldsymbol{\mu}^{(v)})^{\mathrm{T}} \qquad (5-19)$$

（4）第四步：计算类内散度矩阵。

计算公式如下：

$$\boldsymbol{S}_t^{(v)} = \frac{1}{n} \sum_{i=1}^{n} (\boldsymbol{x}_i^{(v)} - \boldsymbol{\mu}^{(v)})(\boldsymbol{x}_i^{(v)} - \boldsymbol{\mu}^{(v)})^{\mathrm{T}} \qquad (5-20)$$

（5）第五步：通过对 $\boldsymbol{X}^{(v)}$ 进行新空间映射，类间、类内散度矩阵分别变形。处理后得到如下表达式：

$$\boldsymbol{S}_b^{(v)} = \frac{1}{n} \sum_{j=1}^{m} n_j (\boldsymbol{\mu}_j^{(v)} - \boldsymbol{\mu}^{(v)})(\boldsymbol{\mu}_j^{(v)} - \boldsymbol{\mu}^{(v)})^{\mathrm{T}} \qquad (5-21)$$

$$\boldsymbol{S}_t^{(v)} = \frac{1}{n} \sum_{i=1}^{n} (\boldsymbol{z}_i^{(v)} - \boldsymbol{\mu}^{(v)})(\boldsymbol{z}_i^{(v)} - \boldsymbol{\mu}^{(v)})^{\mathrm{T}} \qquad (5-22)$$

上式中，$\boldsymbol{\mu}_j^{(v)} = \frac{1}{n_j} \sum_{i=1}^{n_j} \boldsymbol{z}_i^{j(v)}$，$\boldsymbol{\mu}^{(v)} = \frac{1}{n} \sum_{i=1}^{n} \boldsymbol{z}_i^{(v)}$，$\boldsymbol{z}_i^{(v)} = \boldsymbol{Z}_{\text{intra-view}}^{(v)} \boldsymbol{X}^{(v)}$。

上式中，$\boldsymbol{Z}_{\text{intra-view}}^{(v)}$ 为视图内的投影矩阵。

（6）第六步：根据 FDA 原理，设计如下的优化目标函数，学习视图的投影矩阵，即 FDA 中 $\boldsymbol{w}^*$。优化目标函数为

$$\max_{\{P^{(v)}\}_{v=1}^{V}} \sum_{v=1}^{V} \mathrm{tr}(\boldsymbol{S}_b^{(v)}; \boldsymbol{Z}_{\text{intra-view}}^{(v)}) - \gamma \mathrm{tr}(\boldsymbol{S}_t^{(v)}; \boldsymbol{Z}_{\text{intra-view}}^{(v)}) \qquad (5-23)$$

上式中，可调参数 $\gamma > 0$。

5.3.2 视图间一致性学习

以第 v 个视图为例，从前述 FDA 中得到新表征：$\boldsymbol{Z}_{\text{intra-view}}^{(v)} \times \boldsymbol{X}_v$，将其作为该子

模块的输入。以第 v 个和第 w 个视图为例,视图的表征空间分别为: $\boldsymbol{Z}^{(v)}$ 和 $\boldsymbol{Z}^{(w)}$ 。

第一步,根据 5.2.3 中的 HSIC 原理,第 v 和 w 个视图的经验估计值计算表达式为

$$\text{HSCI}(\boldsymbol{Z}_{\text{intra-view}}{}^{(v)}, \boldsymbol{Z}_{\text{intra-view}}{}^{(w)}) = (n-1)^{-2}\,\text{tr}(\boldsymbol{K}_v\boldsymbol{H}\boldsymbol{R}_w\boldsymbol{H}) \qquad (5-24)$$

其中,矩阵 $\boldsymbol{H}$ 中元素组成为: $\boldsymbol{H} = \boldsymbol{I} - m^{-1}\boldsymbol{e}\boldsymbol{e}^{\text{T}}$,该式中 $\boldsymbol{I}$ 为单位矩阵, $\boldsymbol{e}$ 为元素全为 1 的列向量, $\boldsymbol{K}^{(v)}$ 和 $\boldsymbol{K}^{(w)}$ 分别为 Gram 矩阵,分别表示为

$$\boldsymbol{K}^{(v)} = \boldsymbol{Z}_{\text{intra-view}}{}^{(v)\,\text{T}}\,\boldsymbol{Z}_{\text{intra-view}}{}^{(v)} = \boldsymbol{X}^{(v)\,\text{T}}\,\boldsymbol{Z}_{\text{intra-view}}{}^{(v)\,\text{T}}\,\boldsymbol{Z}_{\text{intra-view}}{}^{(v)}\,\boldsymbol{X}^{(v)} \qquad (5-25)$$

$$\boldsymbol{R}^{(w)} = \boldsymbol{Z}_{\text{intra-view}}{}^{(w)\,\text{T}}\,\boldsymbol{Z}_{\text{intra-view}}{}^{(w)} = \boldsymbol{X}^{(w)\,\text{T}}\,\boldsymbol{Z}_{\text{intra-view}}{}^{(w)\,\text{T}}\,\boldsymbol{Z}_{\text{intra-view}}{}^{(w)}\,\boldsymbol{X}^{(w)}$$
$$(5-26)$$

通过最大化两视图 $\boldsymbol{Z}_{\text{intra-view}}{}^{(v)}$ 和 $\boldsymbol{Z}_{\text{intra-view}}{}^{(w)}$ 的 HSIC 经验估计值,保证两视图独立性最大,增强了视图间可区分性。

第二步,将 FDA 与 HSIC 构建如下总目标函数,为简化表达式,下面表达式中,用 $\boldsymbol{Z}^{(v)}$ 表示 $\boldsymbol{Z}_{\text{intra-view}}{}^{(v)}$,有:

$$\max_{\{P^{(v)}\}_{v=1}^{V}} \sum_{v=1}^{V} \text{tr}(\boldsymbol{S}_b^{(v)}; \boldsymbol{Z}^{(v)}) + \lambda_1\,\text{tr}(\boldsymbol{S}_t^{(v)}; \boldsymbol{Z}^{(v)}) + \lambda_2 \sum_{v \neq w} \text{HSIC}(\boldsymbol{Z}^{(v)}\boldsymbol{X}^{(v)}, \boldsymbol{Z}^{(w)}\boldsymbol{X}^{(w)})$$

$$= \max_{\{P^{(v)}\}_{v=1}^{V}} \sum_{v=1}^{V} \text{tr}(\boldsymbol{S}_b^{(v)}; \boldsymbol{Z}^{(v)}) + \lambda_1\,\text{tr}(\boldsymbol{S}_t^{(v)}; \boldsymbol{Z}^{(v)}) + \lambda_2\,\text{tr}(\boldsymbol{K}_v\boldsymbol{H}\boldsymbol{R}_w\boldsymbol{H})$$

$$= \max_{\{P^{(v)}\}_{v=1}^{V}} \sum_{v=1}^{V} \text{tr}(\boldsymbol{Z}^{(v)}(\boldsymbol{A} + \lambda_1\boldsymbol{B} + \lambda_2\boldsymbol{C})\boldsymbol{Z}^{(v)\,\text{T}}) \qquad (5-27)$$

$$\text{s. t. } \boldsymbol{Z}^{(v)}\boldsymbol{Z}^{(v)\,\text{T}} = \boldsymbol{I},\ \lambda_1 > 0,\ \lambda_2 > 0$$

其中,该式中的 $\boldsymbol{A}$、$\boldsymbol{B}$、$\boldsymbol{C}$ 和 $\boldsymbol{D}$ 计算公式如下:

$$\boldsymbol{A} = \frac{1}{n}\sum_{j=1}^{m} n_j \left(\frac{1}{n_j}\sum_{i=1}^{n_j} \boldsymbol{x}_i^{j(v)} - \frac{1}{n}\sum_{i=1}^{n} \boldsymbol{x}_i^{(v)}\right)\left(\frac{1}{n_j}\sum_{i=1}^{n_j} \boldsymbol{x}_i^{j(v)} - \frac{1}{n}\sum_{i=1}^{n} \boldsymbol{x}_i^{(v)}\right)^{\text{T}}$$
$$(5-28)$$

$$\boldsymbol{B} = \frac{1}{n}\sum_{i=1}^{n}\left(\boldsymbol{x}_i^{(v)} - \frac{1}{n}\sum_{i=1}^{n}\boldsymbol{x}_i^{(v)}\right)\left(\boldsymbol{x}_i^{(v)} - \frac{1}{n}\sum_{i=1}^{n}\boldsymbol{x}_i^{(v)}\right)^{\text{T}} \qquad (5-29)$$

$$\boldsymbol{C} = \sum_{w=1; w \neq v}^{V} \boldsymbol{X}^{(v)}\boldsymbol{H}\boldsymbol{K}^{(w)}\boldsymbol{H}\boldsymbol{X}^{(v)\,\text{T}} \qquad (5-30)$$

$$\boldsymbol{D} = \boldsymbol{A} + \lambda_1\boldsymbol{B} + \lambda_2\boldsymbol{C} \qquad (5-31)$$

目标函数变换为

$$\max_{\{P^{(v)}\}_{v=1}^{V}} \sum_{v=1}^{V} \text{tr}(\boldsymbol{S}_b^{(v)}; \boldsymbol{Z}^{(v)}) + \lambda_1\,\text{tr}(\boldsymbol{S}_t^{(v)}; \boldsymbol{Z}^{(v)}) + \lambda_2 \sum_{v \neq w} \text{HSIC}(\boldsymbol{Z}^{(v)}\boldsymbol{X}^{(v)}, \boldsymbol{Z}^{(w)}\boldsymbol{X}^{(w)})$$

$$= \max_{\{P^{(v)}\}_{v=1}^{V}} \sum_{v=1}^{V} \text{tr}(\boldsymbol{Z}^{(v)}\boldsymbol{D}\boldsymbol{Z}^{(v)\,\text{T}}) \qquad (5-32)$$

在 $\boldsymbol{Z}^{(v)}\,\boldsymbol{Z}^{(v)\mathrm{T}}=\boldsymbol{I}$ 的条件下，固定其他视图变量，更新 $\boldsymbol{Z}^{(v)}$，可得到初特征 $\boldsymbol{Z}^{*}=\boldsymbol{Z}_{\mathrm{inter\text{-}view}}^{(v)}=\{\boldsymbol{Z}^{(1)}\,\boldsymbol{x}^{(1)},\boldsymbol{Z}^{(2)}\,\boldsymbol{x}^{(2)},\cdots,\boldsymbol{Z}^{(V)}\,\boldsymbol{X}^{(V)}\}$，其中，$\boldsymbol{Z}_{\mathrm{inter\text{-}view}}^{(v)}$ 为视图间投影矩阵，该特征包含了视图内、间的关系信息。

5.3.3 单视图隐特征学习及多视图融合

基于前面章节的研究，动态路由机制可提升视图特征的学习能力，在本章方法中，为挖掘单视图特征中的隐含信息，先采用动态路由方法学习初表征 $\boldsymbol{Z}^{*}$ 的隐特征矩阵，每个视图的隐特征学习过程是独立的，隐特征学习及融合过程示意图如图 5-3 所示，主要过程如下：

第一步，对初表征矩阵 $\boldsymbol{Z}^{*(v)}$ 通过 m 组卷积核操作，构造特征图。

第二步，将特征图展开为一维形式，将标量表示为向量。

第三步，对特征向量进行动态路由计算，得到隐表征 $\boldsymbol{P}^{*}$。

第四步，基于广义典型相关分析方法进行多视图的特征融合学习，得到低维共享表征。

其中，动态路由方法及广义典型相关分析的原理已分别在第 3.2.3 和 3.3.2 节进行了介绍，这里不再赘述。

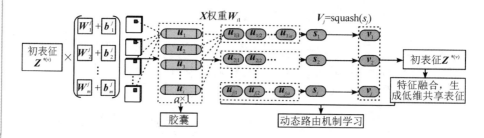

图 5-3 隐特征学习及融合过程示意图

5.4 应用案例

为应用本章方法，并验证其有效性，在聚类任务中，将本章方法与度量学习方法、相关性分析方法、第 3、4 章方法、经典聚类方法及其他基准方法进行性能比较，验证提出的基于多视图差异性和一致性的聚类融合增强学习方法在聚类任务中的优越性能。下面将从方案设计、数据集、运行设置与环境、评测标准、基准方法、结果与分析六部分展开介绍。

5.4.1 方案设计

方案设计的目的是应用本章 CFEL-MDC 方法，并验证其在多视图数据聚类任务中的性能。CFEL-MDC 方法的主要子方法包括：度量学习、动态路由机制学习隐特征、相关性分析学习公共表征，在方案设计中，为分析加入不同子模块的效果，分别将本章方法与度量学习方法、基于相关性分析的多视图融合表征方法、基于双反馈机制的子空间学习方法(第 3 章)、基于多视图深层特征增强的隐空间融合表征方法(第 4 章)、经典聚类方法等进行性能比较，并围绕以下问题层层递进地展开方法的评测，并从中深入挖掘本章方法的效果。

问题 1：本章方法较度量学习方法的聚类效果是否有提升？

问题 2：本章方法较基于相关性分析的多视图融合表征方法的聚类效果是否有提升？

问题 3：本章方法较第 3 章、第 4 章方法的聚类效果是否有提升？

问题 4：本章方法与经典聚类方法相比聚类效果如何？

问题 5：视图数量越多，本章方法的学习效果是否越好，优势是否越明显？

问题 6：在不同聚类簇数量下，本章方法与基准方法的聚类合理性指标对比情况如何？

基于以上的问题，方案设计框图如图 5-4 所示。

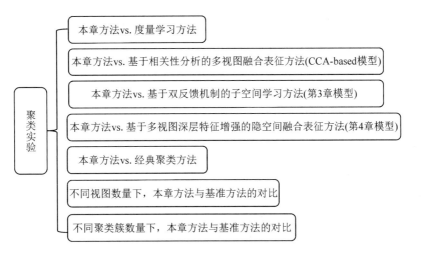

图 5-4　方案设计框架图

5.4.2　数据集

本章方法在应用时采用 Football、Wikipedia、Handwritten 和 Pascal 四个公开多视图数据集。其中，Pascal 为本方案设计中新加入的数据集，该数据集为 1000 个图片/文本对，每张图对应 5 段话，共 6 个视图，第一个视图为图像，共 1024 维，其余视图为文本，每个视图为 222 维。每 50 个样本对应一个类别，共有 20 类标签。其他三个数据集与第 4 章方法的应用中相同，已在 3.4.2 节中进行了详细介绍，这里不再赘述。

5.4.3　运行设置与环境

在此方法的应用中，均采用 80% 的数据集作为训练集，20% 的数据集作为测试集。本章方法的最大迭代次数设置为 50，学习率设置为 0.0001，融合表征矩阵 G 的维度 $k=800$，Fisher-HSCI 的输出表征的维度为 70，其他采用默认值。P 在计算过程中保存下来，作为下一子方法动态路由的输入，G 保存下来，直接用于聚类任务。

另外，在仿真中计算机配置环境是 2.3 GHz 四核 Inter Core i7 处理器，16 GB 内存，256 GB 闪存，MacOS Big Sur 系统（版本 11.2.1），仿真软件为 python 3.7 和 MATLAB_R2017b。

5.4.4　评测标准

聚类效果的评测标准采用聚类精度(Precision)、召回率(Recall)、F1 值和兰德系数(RI)、标准化互信息(NMI)、Silhouette_score 指标。其中，评测指标 Precision、Recall、F1、RI、NMI 的计算方法已在 3.4.4 节中进行了详细介绍，Silhouette_score 的计算方法已在 4.4.4 节中进行了详细介绍，这里不再赘述。

5.4.5　基准方法

将本章方法 CFEL-MDC 分别与经典聚类方法(K-means)、度量学习方法、基于子空间学习融合表征(DCCA、DGCCA)、基于双反馈机制的多视图子空间学习方法(MSL-DDF(第 3 章方法)、基于多视图深度特征增强的隐空间融合表征方法(LFR-MLFE(第 4 章方法)六类基准方法进行性能比较。归纳如下：

1) 聚类方法

(1) K-means(KM)。该方法通过最小化聚类内部的差异之和，将样本聚类到离它们最近的类族中，并重新计算聚类中心，直到方法得到局部最优解。

(2) FISH-MML。该方法为基于 Fisher-HSIC 的多视图度量学习方法，通过视图类内偏差最小、类间偏差最大，得到视图新的表征。本章研究的方法是在 FISJ-MML 方法的基础上进行了改进。

2）基于子空间学习的融合表征方法（适用于分类和聚类任务）

（1）DCCA。该方法为 CCA 与深度方法的融合，通过计算视图最大相关性，直接实现视图两两融合，虽然存在视图数量的局限性，但该方法在很多应用中取得超出多视图融合的效果。

（2）DGCCA。该方法为最新且效果最好的基于 CCA 的多视图融合方法，与本章方法有相似之处，同样在方法的最后采用了广义典型相关性分析 GCCA 学习视图的公共表征 G。

3）本书第 3、4 章方法（适用于分类和聚类任务）

（1）MSL-DDF。该方法为本书第 4 章提出的基于双反馈机制的多视图子空间学习方法，方法采用动态路由机制和 GCCA，能够在学习视图间相关性的同时，提高单视图判别性。本章方法与 MSL-DDF 均采用了动态路由机制和GCCA，为挖掘本章方法的效果，将 MSL-DDF 方法作为基准方法进行应用效果对比进而分析了本章方法中加入视图内差异和一致性学习的效果。

（2）LFR-MLFE。该方法为本书第 5 章提出的基于多视图增强学习的隐空间融合表征方法，该方法与本章方法均采用了动态路由机制增强视图表达，不同的是，本章方法在动态路由前重点学习了视图内和视图间特征，将该方法作为基准方法，能够更全面地分析本章方法的聚类性能。

以上基准方法与本章方法的对比如表 5-1 所示。

表 5-1　基准方法与本章方法的对比

方　　法	多视图	深度网络	线性判别分析	Hilbert-Schmidt 独立性准则
K-means 聚类	否	否	否	否
深度典型相关性分析 DCCA	否	是	否	否
深度广义典型相关性分析 DGCCA	是	是	否	否
多视图度量学习方法 FISH-HML	是	否	是	是
基于双反馈机制的多视图子空间学习方法 MSL-DDF	是	是	否	否
多视图深度特征增强的隐空间融合表征方法 LFR-MLFE	是	是	否	否
基于多视图差异性和一致性的聚类融合增强学习方法 CFEL-MDC	是	是	是	是

5.4.6　结果与分析

1）本章方法与度量学习方法对比

为验证在度量学习基础上加入隐特征学习与融合表征的可行性与有效性，将本章方法 CFEL-MDC 与基于度量学习的 FISH-MML 方法进行聚类性能对比，结果如表 5-2 所示，图 5-5 所示为不同数据集、不同指标上，各指标提升率的可视化图，从中发现：

（1）从表 5-2 中看到，在四个数据集上，本章方法的结果均高于度量学习。

（2）从图 5-5 中看出，本章方法较 FISH-MML 方法在 F1 指标上的提升率分别为 11%、40%、1.45 倍和 46%，聚类结果的准确性提高了约 12%、20%、81% 和 60%，聚类结果与真实结果的相似度提高了约 1.09 倍、24%、16% 和 19%。

以上结果证明：在单视图内、间的关系学习基础上，加入动态路由机制学习视图的隐特征和融合表征能够有效提高视图的聚类学习性能。

表 5-2　本章方法与 FISH-MML 聚类性能的对比

数据集	方　　法	视图数量	聚类精度	召回率	F1 值	兰德系数	标准化互信息
Handwritten	多视图度量学习 FISH-MML	6（全部视图）	0.09961	0.11099	0.10493	0.11100	0.09643
	基于多视图差异性和一致性的聚类融合增强学习 CFEL-MDC		**0.14166**	**0.17800**	**0.15315**	**0.17800**	**0.11521**
Wikipedia	多视图度量学习 FISH-MML	2（全部视图）	0.08957	0.10149	0.09313	0.10032	0.51780
	基于多视图差异性和一致性的聚类融合增强学习 CFEL-MDC		**0.19480**	**0.18393**	**0.22795**	**0.18110**	**0.59851**

基于融合表征的多视图学习方法

数据集	方　法	视图数量	聚类精度	召回率	F1 值	兰德系数	标准化互信息
Football	多视图度量学习 FISH-MML	9（全部视图）	0.05679	0.05885	0.04761	0.06048	0.22956
	基于多视图差异性和一致性的聚类融合增强学习 CFEL-MDC		**0.07540**	**0.06867**	**0.06647**	**0.07258**	**0.28367**
Pascal	多视图度量学习 FISH-MML	6（全部视图）	0.07616	0.06700	0.06606	0.06700	0.23351
	基于多视图差异性和一致性的聚类融合增强学习 CFEL-MDC		**0.08315**	**0.07500**	**0.07342**	**0.07500**	**0.48847**

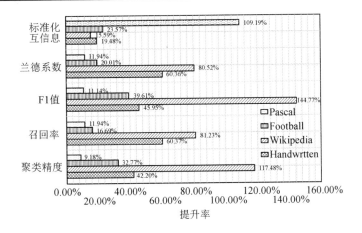

图 5-5　以 FISH-MML 为基准，本章方法的聚类指标提升率的可视化

2）本章方法与度量学习方法对比

将本章方法与基于 Fisher-HSIC 的度量学习进行应用效果性能对比，结果如表 5-3 所示，在不同视图数量下，本章方法的性能大都高于度量学习，以 Handwritten 数据集为例，当融合视图数量为 6 时，本章方法在指标 precision，

第5章　基于多视图差异性和一致性的聚类融合增强学习方法

recall，F1，RI and NMI 上比度量学习分别提高了 42.2%，60.4%，46%，60.3% 和 19.5%。而且视图数量越多，本章方法在聚类性能上优势越明显。

表 5-3　本章方法与度量学习的性能对比

数据集	方　法	视图数量	聚类精度	召回率	F1 值	兰德系数	标准化互信息
Handwritten	多视图度量学习 FISH-MML	6（全部视图）	0.09961	0.11099	0.10493	0.11100	0.09643
	基于多视图差异性和一致性的聚类融合增强学习 CFEL-MDC		**0.14166**	**0.17800**	**0.15315**	**0.17800**	**0.11521**
	多视图度量学习 FISH-MML	2 视图	0.17843	0.20600	0.18586	0.20600	0.21906
	基于多视图差异性和一致性的聚类融合增强学习 CFEL-MDC		**0.25699**	**0.22100**	**0.22521**	**0.22100**	**0.32698**
	多视图度量学习 FISH-MML	3 视图	0.09092	0.10100	0.09569	0.10100	0.25037
	基于多视图差异性和一致性的聚类融合增强学习 CFEL-MDC		**0.17813**	**0.14300**	**0.13452**	**0.14300**	**0.37442**
Wikipedia	多视图度量学习 FISH-MML	2（全部视图）	0.08957	0.10149	0.09313	0.10032	0.51780
	基于多视图差异性和一致性的聚类融合增强学习 CFEL-MDC		**0.10491**	**0.12321**	**0.10398**	**0.13438**	**0.53230**

基于融合表征的多视图学习方法

数据集	方 法	视图数量	聚类精度	召回率	F1 值	兰德系数	标准化互信息
Football	多视图度量学习 FISH-MML	9（全部视图）	0.05679	0.05885	0.01761	0.06048	0.22956
	基于多视图差异性和一致性的聚类融合增强学习 CFEL-MDC		**0.05900**	**0.06248**	**0.05575**	**0.06452**	**0.28367**
	多视图度量学习 FISH-MML	6 视图	**0.11914**	0.04903	0.03745	0.05645	**0.28422**
	基于多视图差异性和一致性的聚类融合增强学习 CFEL-MDC		0.05619	**0.06506**	**0.05848**	**0.06452**	0.27343
Pascal	多视图度量学习 FISH-MML	6（全部视图）	0.07616	0.06700	0.06606	0.06700	0.23351
	基于多视图差异性和一致性的聚类融合增强学习 CFEL-MDC		**0.08315**	**0.07500**	**0.07342**	**0.07500**	**0.48847**
	多视图度量学习 FISH-MML	2 视图	0.06266	0.05600	0.05094	0.05600	0.18011
	基于多视图差异性和一致性的聚类融合增强学习 CFEL-MDC		**0.08313**	**0.06800**	**0.06448**	**0.06800**	**0.45506**

3）本章 CFEL-MDC 与 CCA-based 融合表征方法对比

为验证本章方法 CFEL-MDC 在融合表征前加入度量学习的效果，将本章方法与 DCCA、DGCCA 方法进行聚类性能对比，结果如表 5-4 所示，从中发现：除在 Handwritten 数据集上的 NMI 指标低于基准方法外，在其他数据集上，本章方法的性能指标均高于基准方法。以 CCA-based 为基准方法进行对比，本章方法的提升率均较高。以 Football 数据集为例，在 Precision、Recall、

F1、RI 和 NMI 指标上，本章方法较 DCCA 的提升率分别为 34%、39.9%、27.8%、38.5% 和 34.8%。本章方法较 DGCCA 的提升率分别为 4.3 倍、2.6 倍、3.1 倍、2.6 倍和 33%。同时发现，虽然 CCA-based 方法可用于聚类任务，但性能明显低于本章方法，原因是 CCA-based 只以视图间最大相关性为目标进行优化学习，缺少了视图差异性学习，不利于聚类任务的特征表达需求。以上结果均证明了在基于子空间融合表征基础上，加入度量学习，方法的聚类性能提高明显。说明强化学习视图关系表征可提升方法的学习性能。

表 5-4 本章方法 CFEL-MDC 与 CCA-based 方法的聚类性能对比

数据集	方 法	视图数量	聚类精度	召回率	F1 值	兰德系数	标准化互信息
Handwritten	深度典型相关性分析 DCCA	6（全部视图）	0.10111	0.10000	0.10047	0.10000	**0.57354**
	深度广义典型相关性分析 DGCCA		0.08222	0.05400	0.06244	0.10800	0.54150
	基于多视图差异性和一致性的聚类融合增强学习 CFEL-MDC		**0.14166**	**0.17800**	**0.15315**	**0.17800**	0.11521
Wikipedia	深度典型相关性分析 DCCA	2（全部视图）	0.09245	0.08467	0.08289	0.09090	0.50819
	深度广义典型相关性分析 DGCCA		0.10329	0.10567	0.10267	0.10400	0.54222
	基于多视图差异性和一致性的聚类融合增强学习 CFEL-MDC		**0.19480**	**0.18393**	**0.22795**	**0.18110**	**0.59851**

数据集	方　法	视图数量	聚类精度	召回率	F1 值	兰德系数	标准化互信息
Football	深度典型相关性分析 DCCA	9（全部视图）	0.05625	0.04909	0.05200	0.05241	0.21037
	深度广义典型相关性分析 DGCCA		0.01404	0.01885	0.01603	0.02016	0.21256
	基于多视图差异性和一致性的聚类融合增强学习 CFEL-MDC		**0.07540**	**0.06867**	**0.06647**	**0.07258**	**0.28367**
Pascal	深度典型相关性分析 DCCA	6（全部视图）	0.02123	0.04200	0.02814	0.04200	0.03363
	深度广义典型相关性分析 DGCCA		0.04716	0.06600	0.05351	0.06600	0.09261
	基于多视图差异性和一致性的聚类融合增强学习 CFEL-MDC		**0.08315**	**0.07500**	**0.07342**	**0.07500**	**0.48847**

4）本章 CFEL-MDC 方法与基于动态相关性分析的融合表征方法 MSL-DDF 对比

前述内容已证明本章方法优于基于子空间学习的融合表征方法，第4章提出 MSL-DDF 方法在子空间学习中考虑到了独特特征学习，为更全面地分析本章方法，本节将本章 CFEL-MDC 与 MSL-DDF（第4章方法）的聚类性能进行对比，结果如表 5-5 所示，并将提升率进行可视化处理，如图 5-6 所示，从中发现：

（1）从表 5-5 中看出，除了在 Handwritten 数据集上的 NMI 指标低于 MSL-DDF 方法外，本章方法较 MSL-DDF 的聚类指标均有提升。

（2）从图 5 - 6 中看出，以聚类指标中的 RI 为例，RI 表示聚簇内的纯度，在不同数据集上，本章方法的 RI 较 MSL-DDF 的 RI 的提升率分别为：12%、20%、6% 和 53%。其他指标的提升率最低为 9%，最高为 68%。

以上结果表明：

（1）在视图特征融合表征学习的前端，进行视图内、间关系学习效果提升明显，是今后此类方法设计的方向；

（2）先学习视图关系，再强化学习关系特征，能有效实现视图样本的聚类。另外，第 5 章结果表明先学习视图深层特征再学习隐空间也能有效提升分类和聚类学习性能，由此可知在方法设计中考虑视图的增强表征学习对于提升方法性能效果显著。

表 5 - 5　本章方法 CFEL-MDC 与 MSL-DDF 方法的聚类性能对比

数据集	方　法	视图数量	聚类精度	召回率	F1 值	兰德系数	标准化互信息
Handwritten	基于双反馈机制的多视图子空间学习 MSL-DDF	6（全部视图）	0.09835	0.11650	0.10402	0.11650	0.52245
	基于多视图差异性和一致性的聚类融合增强学习 CFEL-MDC		**0.14166**	**0.17800**	**0.15315**	**0.17800**	0.11521
Wikipedia	基于双反馈机制的多视图子空间学习 MSL-DDF	2（全部视图）	0.16876	0.14224	0.13550	0.17027	0.59470
	基于多视图差异性和一致性的聚类融合增强学习 CFEL-MDC		**0.19480**	**0.18393**	**0.22795**	**0.18110**	**0.59851**

数据集	方　法	视图数量	聚类精度	召回率	F1 值	兰德系数	标准化互信息
Football	基于双反馈机制的多视图子空间学习 MSL-DDF	9（全部视图）	**0.10516**	0.06449	0.05430	0.06451	0.26470
	基于多视图差异性和一致性的聚类融合增强学习 CFEL-MDC		0.07540	**0.06867**	**0.06647**	**0.07258**	**0.28367**
Pascal	基于双反馈机制的多视图子空间学习 MSL-DDF	6（全部视图）	0.06619	0.07200	0.04782	0.07200	0.15842
	基于多视图差异性和一致性的聚类融合增强学习 CFEL-MDC		**0.08315**	**0.07500**	**0.07342**	**0.07500**	**0.48847**

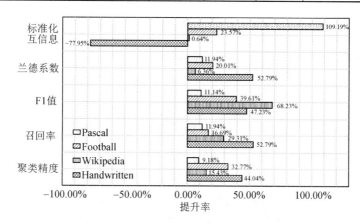

图 5-6　以 MSL-DDF 为基准方法，本章方法的聚类指标提升率

5）本章 CFEL-MDC 与基于多视图增强学习的隐空间融合表征方法 LFR-MLFE 对比

第 4 章方法是先对视图进行增强学习，然后利用多视图子空间聚类思路学

习视图间的一致性表达，得到公共隐空间，不同的是，本章方法是先学习视图内、间的关系表达，然后学习单视图隐特征矩阵，最后基于子空间学习融合表征。为验证本章方法中学习视图内、间类关系对于提升融合表征的有效性，并挖掘各类方法的性能差异性，将本章方法与第 5 章方法进行聚类性能对比，结果如图 5-7 所示，从中发现：

（1）除在 Football 数据集上的 Recall 指标提升倍数为负数外，本章方法较 MSL-DDF 聚类指标的提升倍数均有提升。

（2）以聚类指标 NMI 为例，NMI 表示实际聚类结果与真实类别的相似度，NMI 越接近 1，表示结果与真实结果越接近，反之说明计算结果越差。在不同数据集上，本章方法较 MSL-DDF 的提升倍数分别为：0.35、1.23 倍、1.47 倍，其他指标提升倍数基本都在 1 倍以上。

本章方法在融合阶段采用的是基于子空间学习的融合方法，而 MSL-DDF 采用的是隐空间学习方法，分析可得：本章方法学习的融合表征中能够更好地保留视图间的关系，保证了方法在聚类性能上的显著提升效果。

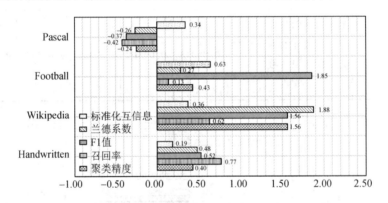

图 5-7　以 LFR-MLFE 方法为基准方法，本章方法的聚类指标提升倍数

6）本章 CFEL-MDC 方法与经典聚类方法对比

分别选用不同视图数量的数据集进行 KM 聚类，直观地分析本章方法的性能提升情况，将结果进行提升倍数可视化处理，如图 5-8 所示，从图中可以看出，本章方法在 Wikipedia 数据集上的提升倍数最高，在视图数量最少的 Wikipedia 数据集上，本章方法的提升最明显，几乎所有指标均高于其他数据集。在六个视图的 Handwritten 数据集上，各性能指标的提升倍数较平稳，视图数量最多的 Football 数据集上，F1 提升倍数最高，但类内的纯度提升倍数却最低。同时发现，在所有数据集上，聚类结果与真实结果的相似度提升倍数的差异性较其他指标较小。

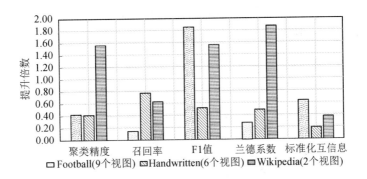

图 5-8 以 KM 方法为基准方法，本章方法的聚类指标提升倍数

在不同聚类数量下及不同视图数量下，对本章方法的聚类结果进行可视化处理。 如图 5-9、图 5-10 所示，为本章方法与 FISH-MML 在 Pascal 数据集上的聚类可视化结果。从图中可以看出：

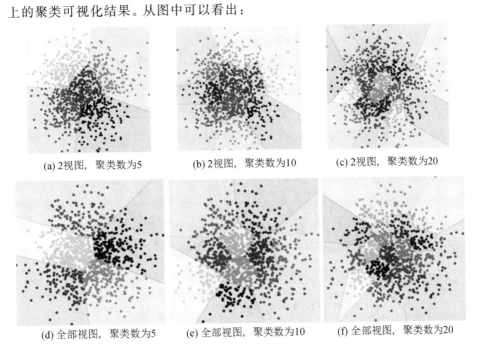

(a) 2视图，聚类数为5   (b) 2视图，聚类数为10   (c) 2视图，聚类数为20

(d) 全部视图，聚类数为5   (e) 全部视图，聚类数为10   (f) 全部视图，聚类数为20

图 5-9 FISH-MML 方法在 Pascal 数据集上的聚类可视化结果

（1）在不同聚类数量下，两种方法均能实现较好的聚类。

（2）两种方法均满足在全部视图下的聚类较 2 视图的聚类更紧凑。

（3）本章方法的聚类可视化是扇形的，不同簇的样本交叉较小，与 FISH-MML 方法相比，本章方法聚类中分离得更清晰，每种簇更紧凑。

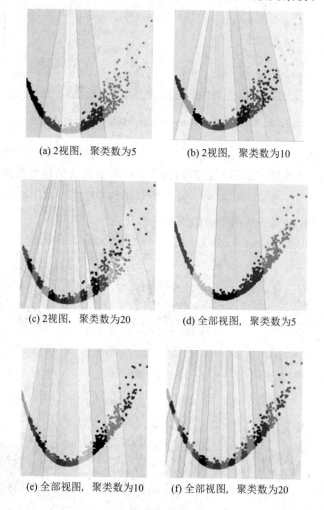

(a) 2视图，聚类数为5   (b) 2视图，聚类数为10

(c) 2视图，聚类数为20   (d) 全部视图，聚类数为5

(e) 全部视图，聚类数为10   (f) 全部视图，聚类数为20

图 5-10   本章 CFEL-MDC 方法在 Pascal 数据集上的聚类可视化结果

7）不同视图数量下，本章方法与基准方法 FISH-MML 的对比

前述内容已证明了本章方法的有效性，为重点挖掘视图数量对本章方法的学习效果的影响，将本章方法与基准方法 FISH-MML 进行聚类性能的进一步对比，结果如表5-6所示，表中粗体的值为最优值。

表 5－6　不同视图数量下,本章 CFEL-MDC 方法与 MSL-DDF 方法的聚类性能对比

数据集	方　法	视图数量	聚类精度	召回率	F1 值	兰德系数	标准化互信息
Handwritten	多视图度量学习 MSL-DDF	6 (全部视图)	0.09961	0.11099	0.10493	0.11100	0.09643
	基于多视图差异性和一致性的聚类融合增强学习 CFEL-MDC		**0.14166**	**0.17800**	**0.15315**	**0.17800**	**0.11521**
	多视图度量学习 MSL-DDF	2 视图	0.17843	0.20600	0.18586	0.20600	0.21906
	基于多视图差异性和一致性的聚类融合增强学习 CFEL-MDC		**0.25699**	**0.22100**	**0.22521**	**0.22100**	**0.32698**
	多视图度量学习 MSL-DDF	3 视图	0.09092	0.10100	0.09569	0.10100	0.25037
	基于多视图差异性和一致性的聚类融合增强学习 CFEL-MDC		**0.17813**	**0.14300**	**0.13452**	**0.14300**	**0.37442**
Wikipedia	多视图度量学习 MSL-DDF	2 (全部视图)	0.08957	0.10149	0.09313	0.10032	0.51780
	基于多视图差异性和一致性的聚类融合增强学习 CFEL-MDC		**0.10491**	**0.12321**	**0.10398**	**0.13438**	**0.53230**

数据集	方　法	视图数量	聚类精度	召回率	F1值	兰德系数	标准化互信息
Football	多视图度量学习 MSL-DDF	9（全部视图）	0.05679	0.05885	0.04761	0.06048	0.22956
	基于多视图差异性和一致性的聚类融合增强学习 CFEL-MDC		**0.05900**	**0.06248**	**0.05575**	**0.06452**	**0.28367**
	多视图度量学习 MSL-DDF	6视图	**0.11914**	0.04903	0.03745	0.05645	**0.28422**
	基于多视图差异性和一致性的聚类融合增强学习 CFEL-MDC		0.05619	**0.06506**	**0.05848**	**0.06452**	0.27343
Pascal	多视图度量学习 MSL-DDF	6（全部视图）	0.07616	0.06700	0.06606	0.06700	0.23351
	基于多视图差异性和一致性的聚类融合增强学习 CFEL-MDC		**0.08315**	**0.07500**	**0.07342**	**0.07500**	**0.48847**
	多视图度量学习 MSL-DDF	2视图	0.06266	0.05600	0.05094	0.05600	0.18011
	基于多视图差异性和一致性的聚类融合增强学习 CFEL-MDC		**0.08313**	**0.06800**	**0.06448**	**0.06800**	**0.45506**

基于融合表征的多视图学习方法

从表5-6中可以发现：

（1）不同视图数量下，本章方法的聚类性能均优于FISH-MML。

（2）对FISH-MML和本章方法而言，均满足：视图数量越多，聚类效果并非越好。说明"视图数量越多，学习效果越好"的假设并不成立。但在4.4.6节分类应用中，证明过"视图数量越多，方法分类性能越好"，4.4.6节聚类应用中，证明过"视图数量越多，学习效果并非越好"。因此，基于本章的研究，可以发现：聚类性能与视图数量的关系存在非单调关系，该问题也有待进一步的研究与挖掘。

8）不同聚簇数量下，本章方法与基准方法的对比

为综合评价方法的聚类性能，本应用中加入轮廓系数指标进行方法性能的对比，结果如表5-7所示，表中粗体的值为最优值。从中可看出：

表5-7　本章方法CFEL-MDC与FISH-MML的轮廓系数对比

视图数量	聚类数量	基于双反馈机制的多视图子空间学习 FISH-MML	基于多视图差异性和一致性的聚类融合增强学习 CFEL-MDC
6（全部视图）	5	0.31940	**0.55487**
	10	0.33300	**0.53538**
	20	0.34295	**0.51451**
2（全部视图）	5	0.31934	**0.53981**
	10	0.34125	**0.51019**
	20	0.32979	**0.46940**

（1）在FISH-MML方法中，视图数量越多，轮廓系数并非越高，聚类数量与轮廓系数并没有直接关系。但在本章方法中，视图数量越多，轮廓系数越高，而且聚类数量越高，轮廓系数越低，二者之间存在单调关系。

（2）随着视图数量增加，本章方法的轮廓系数值提高得更多。可得出结论：视图数量越多，本章方法在聚类性能上优势越明显。

结果表明：本章方法在视图利用方面的学习性能更优，能够有效地挖掘多视图的特征。

此外，在不同视图下，将不同方法的聚类轮廓系数进行可视化对比，如图

5-11 所示，从图中看出，在 Handwritten 数据集上，本章方法的聚类轮廓系数较其他方法偏低，在 Football 数据集上，本章方法的聚类轮廓系数低于 DGCCA。其他情况下，本章方法的聚类轮廓系数最优。

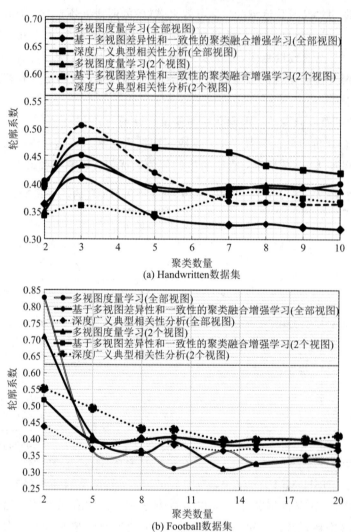

(a) Handwritten数据集

(b) Football数据集

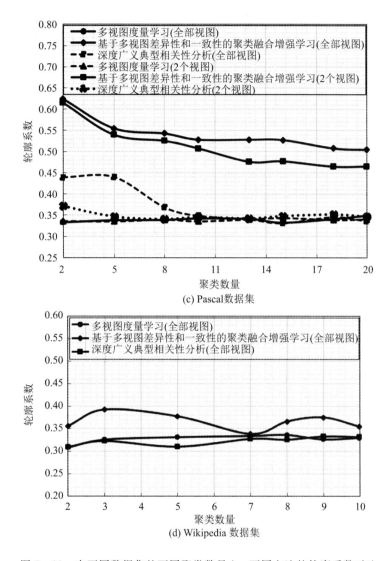

图 5-11　在不同数据集的不同聚类数量上，不同方法的轮廓系数对比

5.5　本章小结

　　本章针对多视图聚类学习中如何实现学习视图内、间关系以提升融合表征的聚类性能，提出了一种基于多视图差异性和一致性的聚类融合增强学习方法，方法采用 FDA 学习视图内差异性，保证在新视图特征空间中，单视图内

不同类样本的差异性最大、同类样本的差异性最小，另采用 HSIC 学习视图间一致性，保证多视图间不同类样本的差异性最大、同类样本的差异性最小，实现了局部和全局的视图关系的度量，另采用动态路由机制学习单视图的隐特征，强化了视图间的差异性表达，最后学习视图的公共表征，实现视图的融合学习。为验证本章 CFEL-MDC 方法在多视图数据聚类任务中的性能，在应用效果分析中，分别将本章方法与经典聚类方法、度量学习方法、子空间学习方法（第 4 章方法）、隐空间融合方法（第 5 章方法）进行性能比较，在四个数据集上评测方法性能，应用结果表明：本章方法的聚类性能提升效果显著，并发现聚类性能与视图数量之间存在非单调关系。

参 考 文 献

［1］ 王强. 多视图机器学习分类及聚类方法研究［D］. 长沙：国防科技大学，2018.

［2］ SHU T，ZHANG B，TANG Y Y. Multi-view classification via a fast and effective multi-view nearest-subspace classifier［J］. IEEE Access，2019,7：49669－49679.

［3］ SUK H，SHEN D. Deep learning based feature representation for AD/MCI classification［J］. Medical Image Computing and Computer Assisted Intervention,2013,16：583－590.

［4］ ZOU J，LI W，CHEN C. Scene classification using local and global features with collaborative representation fusion［J］. Information Sciences，2016,348：209－226.

［5］ CUI L，CHEN Z，ZHANG J. Multi-view fusion through cross-modal retrieval［C］. International Conference on Image Processing. Athens：Greece，2018：1977－1981.

［6］ MAEDAY K，TAKAHASHI S，OGAWAY T. Multi-feature fusion based on supervised multi-view multi-label canonical correlation projection［C］. International Conference on Acoustics Speech and Signal Processing. Brighton：United Kingdom，2019：3936－3940.

［7］ LI Y，YANG M，ZHANG Z. Multi-view representation learning：a survey from shallow methods to deep methods［J］. Journal of Latex Class Files，2016，14：1－20.

［8］ TULSIANI S，ZHOU T，EFROS A A. Multi-view supervision for single-view reconstruction via differentiable ray consistency［C］. IEEE Conference on Computer Vision and Pattern Recognition. Honolulu：USA，2017：209－217.

［9］ HAO T，WU D，WANG D. Multi-view representation learning for multi-view action recognition［J］. Visual Communication and Image Representation，2017，48：53－460.

参
考
文
献

[10] SU H, MAJI S, KALOGERAKIS E. Multi-view convolutional neural networks for 3D shape recognition[C]. International Conference on Computer Vision, Santiago: Chile, 2015: 945 – 953.

[11] CHEN M, DENOYER L. Multi-view generative adversarial networks [C]. European Conference on Machine Learning. Skopje: Macedonia, 2017: 175 – 188.

[12] SRIVASTAVA N, SALAKHUTDINOV R. Multimodal learning with deep Boltzmann machines[J]. Neural Information Processing Systems, 2012: 2222 – 2230.

[13] WANG L, LI Y, HUANG J. Learning two-branch neural networks for image-text matching tasks[J]. IEEE Transactions on Pattern Analysis and Machine Intelligence, 2019,41(2): 394 – 407.

[14] YAN F, MIKOLAJCZYK K. Deep correlation for matching images and text[C]. IEEE Conference on Computer Vision and Pattern Recognition. Boston: USA, 2015: 3441 – 3450.

[15] WANG W, ARORA R, LIVESCU K. Unsupervised learning of acoustic features via deep canonical correlation analysis[C]. International Conference on Acoustics, Peech, and Signal Processing. Queensland: Australia, 2015: 4590 – 4594.

[16] DONAHUE J, HENDRICKS L A, Guadarrama S. Long-term recurrent convolutional networks for visual recognition and description[C]. IEEE Conference on Computer Vision and Pattern Recognition. MA: USA, 2015: 2625 – 2634.

[17] VENUGOPALAN S, XU H, DONAHUE J, et al. Translating videos to natural language using deep recurrent neural networks[C]. Human Language Technology: Conference of the North American Chapter of the Association of Computational Linguistics. Colorado: USA, 2015: 1494 – 1504

[18] ZHAO J, XIE X, XU X, et al. Multi-view learning overview: recent progress and new challenges[J]. Information Fusion, 2017,38: 43 – 54.

[19] LI J, YONG H, ZHANG B. A Probabilistic hierarchical model for multi-view and multi-feature classification[C]. National Conference on Artificial Intelligence. Beijing: China, 2018: 3498 – 3505.

[20] WU S, CHEN Y, LI X. An enhanced deep feature representation for

person reidentification[C]. 2016 IEEE Winter Conference on Applications of Computer Vision. New York：USA,2016：1 - 8.

[21] ZHANG C, ADELI E, WU Z, et al. Infant Brain development prediction with latent partial multi-view representation learning[J]. IEEE Transactions on Medical Imaging, 2019,38：909 - 918.

[22] KANG H, XIA L, YAN F, et al. Diagnosis of coronavirus disease 2019（COVID - 19）With structured latent multi-view representation learning[J]. IEEE Transactions on Medical Imaging, 2020,39：2606 - 2614.

[23] HAQUE A, MILSTEIN A, FEIFEI L. Illuminating the dark spaces of healthcare with ambient intelligence[J]. Nature, 2020,585：193 - 202.

[24] 董西伟. 有监督和半监督多视图特征学习方法研究[D]. 南京：南京邮电大学，2018.

[25] 韩璐. 多视图的子空间学习及在图像分类中的应用研究[D]. 南京：南京邮电大学，2018.

[26] VAN D M L, P E, VAN H J. Dimensionality reduction：a comparative [J]. Journal of Machine Learning Research, 2009, 10：66 - 71.

[27] MOORE B. Principal component analysis in linear systems：controllability, observability, and model reduction [J]. IEEE Transactions on Automatic Control,1981,26 (1)：17 - 32.

[28] YAN S, XU D, ZHANG B, et al. Graph embedding and extensions：a general framework for dimensionality reduction[J]. IEEE Transactions on Pattern Analysis and Machine Intelligence,2007, 29 (1)：40 - 51.

[29] CHEN H T, CHANG H W, LIU T L. Local discriminant embedding and its variants[C]. IEEE Conference on Computer Vision and Pattern Recognition. San Diego：USA, 2005：846 - 853.

[30] DIETHE T, HARDOON D R, SHAWE-TAYLOR J. Multi-view fisher discriminant analysis[C]. NIPS Workshop on Learning from Multiple Sources. Whistler：Canada, 2008：289 - 298.

[31] SHARMA A, KUMAR A, DAUME H, et al. Generalized multi-view analysis：a discriminative latent space[C]. IEEE Conference on Computer Vision and Pattern Recognition. Rhode Island：USA, 2012：2160 -2167.

[32] GUO Y W, DING X Q, XUE J H. MiLDA：a graph embedding approach to multi-view face recognition[J]. Neurocomputing, 2015, 151

(3): 1255 – 1261.

[33] YANG P, GAO W. Multi-view discriminant transfer learning[C]. International Joint Conference on Artificial Intelligence. Beijing: China, 2013: 1848 – 1854.

[34] LI B, WANG C, HUANG D S. Supervised feature extraction based on orthogonal discriminant projection[J]. Neurocomputing, 2009, 73(1): 191 – 196.

[35] LIN K Z, RONG Y H, WU D, et al. Discriminant locality preserving projections based on neighborhood maximum margin[J]. International Journal of Hybrid Information Technology, 2014, 7(6): 165 – 174.

[36] ZHANG H G, DENG W H, GUO J, et al. Locality preserving and global discriminant projection with prior information[J]. Machine Vison and Applications, 2010, 21(4): 577 – 585.

[37] HUANG P, TANG Z M, CHEN C K. Local maximal margin discriminant embedding for face recognition[J]. Journal of Visual Communication and Image Representation, 2014, 25(2): 296 – 305.

[38] HOTELLING H. Relations between two sets of variates[J]. Biometrika,1936,28: 321 – 377.

[39] LAI P L, FYFE C. Kernel and nonlinear canonical correlation Analysis [J]. International Journal of Neural Systems, 2000,10(5): 365 – 377.

[40] WEI L, SUN Q, GAO X. Kernel generalized canonical correlation and a new feature Fusion strategy[C]. International Conference on Artificial Intelligence and Security. New York: USA, 2019: 488 – 500.

[41] OTOPAL N. Restricted kernel canonical correlation analysis[J]. Linear Algebra and its Applications, 2012,437: 1 – 13.

[42] LEE J, XIAO L, SCHOENHOLZ S, BAHRI Y, et al. Wideneural networks of any depth evolve as linear models under gradient descent [C]. Conference and Workshop on Neural Information Processing Systems. Vancouver: Canada,2019: 1 – 16.

[43] OHKUSHI H, OGAWA T, HASEYAMA M. Kernel CCA-based music recommendation according to human motion robust to temporal expansion[C]. International Symposium on Communications and Information Technologies. Tokyo: Japan, 2010: 1030 – 1034.

[44] ZHU X, HUANG Z, SHEN H, Cheng J, et al. Dimensionality reduc-

tion by mixed kernel canonical correlation analysis[J]. Pattern Recognition, 2012,45: 3003 - 3016.

[45] LIU J, GAO J. FCCA: a new method of constructing causality network based on graph structure information and conditional causality test[C]. International Conference on Vision,Image and Signal Processing. New York: USA, 2019: 1 - 5.

[46] SUN L,JI S,YE J. A least squares formulation for canonical correlation analysis [C]. International Conference on Machine Learning. Stockholm: Sweden,2008: 1024 - 1031.

[47] HORST P. Generalized canonical correlations and their applications to experimental data[J]. Journal of Clinical Psychology, 1961,17(4): 331 - 347.

[48] SUN T K, CHEN S C. Locality preserving CCA with applications to data visualization and pose estimation[J]. Image & Vision Computing, 2007, 25(5): 531 - 543.

[49] KIMT K, CIPOLLA R. Canonical correlation analysis of video volume tensors for action categorization and detection[J]. IEEE Transactions on Pattern Analysis and Machine Intelligence, 2009, 31(8): 1415 - 1428.

[50] LAI P L, FYFE C. Canonical correlation analysis using artificial neural networks[C]. European Symposium Artificial Neural Networks. Bruges: Belgium, 1998: 363 - 368.

[51] HSIEH W W. Nonlinear canonical correlation analysis by neural networks [J]. Neural Networks, 2000, 13(10): 1095 - 1105.

[52] ANDREW G, ARORA R, BILMES J A. Deep Canonical Correlation Analysis[C]. International Conference on Machine Learning. Tianjin: China, 2013: 1247 - 1255.

[53] BENTON A, KHAYRALLAH H, GUJRAL B. Deep generalized canonical correlation analysis[J]. Meeting of the Association for Computational Linguistics, 2017: 1 - 6.

[54] CHEN X, CHEN S, XUE H, ZHOU X. A unified dimensionality reduction framework for semi-paired and semi-supervised multi-view data [J]. Pattern Recognition, 2012, 45: 2005 - 2018.

[55] SHEN X, SUN Q. A novel semi-supervised canonical correlation analysis and extensions for multi-view dimensionality reduction[J]. Journal

参考文献

of Visual Communication and Image Representation,2014,25: 1894 –1904.

[56] WAN J, WANG H, YANG M. Cost Sensitive semi-supervised canonical correlation analysis for multi-view dimensionality reduction[J]. Neural Processing Letters, 2016,45: 411 – 430.

[57] SHARMA A, KUMAR A, DAUME H, et al. Generalized multiview analysis: A discriminative latent space [C]. IEEE Conference on Computer Vision and Pattern Recognition. Rhode Island: USA,2012: 2160 – 2167.

[58] BLUM A, MITCHELL T. Combining labeled and unlabeled data with co-training [C]. European Symposium Artificial Neural Networks. Bruges: Belgium, 1998: 92 – 100.

[59] ZHOU Z, LI M. Semi-supervised regression with co-training[C]. International Joint Conference on Artificial Intelligence. Edinburgh:UK, 2005: 1 – 6.

[60] ZHOU Z H, LI M. Tri-training:exploiting unlabeled data using three classifiers [J]. IEEE Transactions on knowledge and Data Engineering, 2005, 17 (11): 1529 – 1541.

[61] WANG W, ZHOU Z. Analyzing co-training style algorithms[C]. European Conference on Machine Learning. Warsaw: Poland, 2007: 17 – 21.

[62] WANG, Y, LI T. Improving semi-supervised co-forest algorithm in evolving data streams[J]. Applied Intelligence, 2018,48: 3248 – 3262.

[63] NIGAM K, GHANI R. Analyzing the effectiveness and applicability of co-training [C]. International Conference on Information and Knowledge Management. New York: USA, 2000: 86 – 93.

[64] SINDHWANI V, ROSENBERG D S. An RKHS for multi-view learning and manifold co-regularization [C]. International Conference on Machine Learning. Helsinki: Finland, 2008: 976 – 983.

[65] MUSLEA I, MINTON S, KNOBLOCK C A. Active learning with multiple views [J]. Journal of Artificial Intelligence Research, 2006, 27: 203 – 233.

[66] MA F, MENG D, DONG X, et al. Self-paced Multi-view co-training [J]. Journal of Machine Learning Research, 2020, 21: 1 – 38.

[67] XIA Y, LIU F, YANG D, et al. 3D semi-supervised learning with uncertainty-aware multi-view co-training[C]. IEEE Winter Conference on

Applications of Computer Vision. Snowmass Village：USA，2020：
3635 – 3644.

[68] KUMAR A，RAI P，DAUMÉ H. Co-regularized multi-view spectral clustering[C]. Conference and Workshop on Neural Information Processing Systems. Sierra Nevada：Spain，2011：1413 – 1421.

[69] KUMAR A，DAUMÉ H. A co-training approach for multi-view spectral clustering [C]. International Conference on Machine Learning. Washington：USA，2011：393 – 400.

[70] 张宜浩,朱小飞,徐传运,等. 基于用户评论的深度情感分析和多视图协同融合的混合推荐方法[J].计算机学报,2019,42(06)：1316 – 1333.

[71] BENNETT K，MOMMA M，EMBRECHTS M. MARK：a boosting algorithm for heterogeneous kernel models[C]. Knowledge Discovery and Data Mining. Alberta：Canada，2002：1 – 8.

[72] SONNENBURG S，RÄTSCH G，SCHÄFER C. Large scale multiple kernel learning [J]. Journal of Machine Learning Research. 2006，7：1531 – 1565.

[73] JIN Z，LI F，MA X，DJOUADI S. Semi-definite programming（SDP）for power output control in wind energy conversion system[C]. IEEE PES General Meeting |Conference & Exposition. MD：USA，2014：1 – 1.

[74] ERICKSON J R，FOURER R. Second-Order Cone Program（SOCP）Detection and Transformation Algorithms for Optimization Software [R]. Austin：TX,2010：1 – 30.

[75] RAKOTOMAMONJY A，BACH F R，CANU S. Simple MKL[J]. Journal of Machine Learning Research. 2008，9：2491 – 2521.

[76] HUANG H C，CHUANG Y Y，CHEN C S. Multiple kernel fuzzy clustering[J]. IEEE Transactions on Fuzzy Systems. 2012，20（1）：120 – 134.

[77] DU L，ZHOU P，SHI L，et al. Robust multiple kernel k-means clustering using l2-norm[C]. International Joint Conference on Artificial Intelligence. Buenos Aires：Argentina，2015：3476 – 3482.

[78] YUAN Y，LI Y，LIU J，et al. Learning multi-kernel multi-view canonical correlations for image recognition[J]. Computational Visual Media，2016，2：153 – 162.

[79] CHAO G，SUN S. Multi-kernel maximum entropy discrimination for

multi-view learning[J]. Intelligent Data Analysis,2016, 20: 481 – 493.

[80] 谢德燕. 基于图学习的多视图聚类[D].西安:西安电子科技大学,2019.

[81] NIE F, WANG H, HUANG H, et al. Adaptive Loss Minimization for Semi-Supervised Elastic Embedding[C]. International Joint Conference on Artificial Intelligence. Beijing: China, 2013: 1565 – 1571.

[82] LI R, ZHANG C, FU H, et al. Reciprocal Multi-Layer Subspace Learning for Multi-View Clustering[C]. IEEE/CVF International Conference on Computer Vision. Seoul: South Korea, 2019: 8171 – 8179.

[83] TANG W, LU Z, DHILLON I S. Clustering with multiple graphs [C]. IEEE International Conference on Data Mining. Florida: USA, 2009: 1016 – 1021.

[84] KUMAR A, RAI P, DAUME H. Co-regularized multi-view spectral clustering[C]. Advances in Neural Information Processing Systems. Granada: Spain, 2011: 1413 – 1421.

[85] CAI X, NIE F, HUANG H, et al. Heterogeneous image feature integration via multi-modal spectral clustering[C]. IEEE Conference on Computer Vision and Pattern Recognition. Colorado Springs: USA, 2011: 1977 – 1984.

[86] CAO X, ZHANG C, ZHOU C, Constrained multi-view video face clustering[J]. IEEE Transactions on Image Processing, 2015, 24(11): 4381 – 4393.

[87] CHENG Y, ZHAO R. Multiview spectral clustering via ensemble[C]. IEEE International Conference on Granular Computing. Nanchang: China, 2009: 101 – 106.

[88] TAO H, HOU C, ZHU J Multi-view clustering with adaptively learned graph[C]. Asian Conference on Machine Learning. Seoul: Korea, 2017: 113 – 128.

[89] NIE F, LI J, LI X. Parameter-free auto-weighted multiple graph learning: a framework for multi-view clustering and semi-supervised classification[C]. International Joint Conference on Artificial Intelligence. New York: USA,2016: 1881 – 1887.

[90] ZHAN K, ZHANG C, GUAN J. Graph learning for multi-view clustering[J]. IEEE Transactions on Cybernetics, 2017, 48(10): 2887 – 2895.

[91] 仇希如. 基于非负矩阵分解的多视图特征学习研究[D]. 大连:大连理工

大学,2019.

[92] LEE D D, SEUNG H S. Learning the parts of objects by non-negative matrix factorization[J]. Nature, 1999, 401(6755): 788.

[93] AKATA Z, THURAU C, BAUCKHAGE C. Non-negative matrix factorization in multimodality data for segmentation and label prediction [C]. Computer Vision Winter Workshop. Mitterberg: Austria, 2011: 1 - 8.

[94] WANG Z, KONG X, FU H. Feature extraction via multi-view non-negative matrix factorization with local graph regularization[C]. IEEE International Conference on Image Processing. Quebec: Canada 2015: 3500 - 3504.

[95] WANG J, TIAN F, YU H. Diverse non-negative matrix factorization for multi-view data representation[J]. IEEE Transactions on Cybernetics, 2018, 48(9): 2620 - 2632.

[96] LIU J L, WANG C, GAO J, et al. Multi-view clustering via joint non-negative matrix factorization [C]. International Conference on Data Mining. Texas: USA, 2013: 252 - 260.

[97] KALAYEH M, IDREES H, SHAH M. NMF-KNN: Image annotation using weighted multi-view non-negative matrix factorization[C]. IEEE Conference on Computer Vision and Pattern Recognition. Ohio: USA, 2014: 184 - 191.

[98] GAO J, HAN J, LIU J. Multi-view clustering via joint nonnegative matrix factorization [C]. International Conference on Data Mining. Texas: USA, 2013: 252 - 260.

[99] ZHANG X, Zhao L, ZONG L Z, et al. Multi-view clustering via multi-manifold regularized nonnegative matrix factorization[C]. International Conference on Data Mining. Shenzhen: China, 2014: 1103 - 1108.

[100] 张祎,孔祥维,王振帆,等.基于多视图矩阵分解的聚类分析[J].自动化学报, 2018, 44(12): 2160 - 2169.

[101] CAO X, ZHANG C, FU H. Diversity-induced multi-view subspace clustering[C]. IEEE Conference on Computer Vision and Pattern Recognition. Boston: USA, 2015: 586 - 594.

[102] NIE F, SHI S, LI X. Auto-weighted multi-view co-clustering via fast matrix factorization[J]. Pattern Recognition, 2020, 102: 107 - 207.

[103] WEI S, WANG J, YU G, et al. Multi-view multiple clustering using deep matrix factorization[C]. AAAI. New York：USA, 2020：1-9.

[104] 朱信忠. 多视图聚类方法研究[D]. 西安：西安电子科技大学, 2018.

[105] ZHANG C, HU Q, FU H, et al. Latent multi-view subspace clustering[C]. IEEE Conference on Computer Vision and Pattern Recognition. New York：USA, 2017：4333-4341.

[106] ZHANG C, YU Z, HU Q. Latent semantic aware multi-view multi-label classification[C]. AAAI. New Orleans：USA, 2018：4414-4421.

[107] 王邦军. 多视图特征融合方法研究[D]. 北京交通大学, 2018.

[108] 张越美. 基于子空间学习的多视图聚类方法研究[D]. 西安电子科技大学, 2019.

[109] SPEED T. A correlation for the 21st century[J]. Science, 2011, 334 (6062)：1502-1503.

[110] RESHEF D N, RESHEF Y A, Finucane H K, et al. Detecting novel associations in large data sets[J]. Science, 2011, 334(6062)：1518-1524.

[111] PANG C N I, GOEL A, LI S S, et al. A multidimensional matrix for systems biology research and its application to interaction networks [J]. Journal of Proteome Research, 2012, 11(11)：5204-5220.

[112] 赵玲, 龚加兴, 黄大荣, 等. 基于 Fisher Score 与最大信息系数的齿轮箱故障特征选择方法[J/OL]. 控制与决策. [2021-03-01]. https：. doi. org/10. 13195/j. kzyjc. 2019. 1770.

[113] PEARSON K. Mathematical contributions to the theory of evolution (III)：Regression, heredity, and panmixia [J]. Philosophical Transactions of the Royal Society of London. Series A, Containing Papers of a Mathematical or Physical Character, 1895, 187：253-318.

[114] 刘汉明, 杨丹. 最大信息系数在瓣膜性心脏病差异表达 miRNA 识别中的应用[J]. 中国科技论文, 2017(6).

[115] TANG D, WANG M, ZHENG W, et al. RapidMic：rapid computation of the maximal information coefficient[J]. Evolutionary Bioinformatics Online, 2014, 10：11-16.

[116] PEARSON K. Mathematical contributions to the theory of evolution (III)：regression, heredity, and panmixia [J]. Philosophical Transactions of the Royal Society of London. Series A, Containing Papers of a Mathematical or Physical Character, 1895, 187：253-318.

[117] SPEARMAN C. The proof and measurement of association between two things[J]. The American Journal of Psychology，1904,15(1)：72－10.

[118] KENDALL M. G. A new measure of rank correlation ［J］. Biometrika,1938，30(1)：81－93.

[119] 王月.最大信息系数的方法分析及改进[D].西安:西安电子科技大学,2019.

[120] 李国杰.对大数据的再认识[J].大数据,2015,1(01)：8－16.

[121] 程学旗，梅宏，赵伟，等.数据科学与计算智能：内涵、范式与机遇[J].中国科学院院刊，2020，35(12)：1470－1481.

[122] 杨静.基于多视图相关投影分析的特征抽取与融合方法研究[D].南京:南京理工大学，2017.

[123] FAN R，LUO T，ZHUGE W，et al. Multi-view subspace learning via bidirectional sparsity[J]. Pattern Recognition,2020,108：107524.

[124] KUMAR A，SANDEEP V，V V SARADHI，et al. A multi-view subspace learning approach to internet traffic matrix estimation[J]. IEEE Transactions on Network and Service Management,2020，17：1282－1293.

[125] SABOUR S，FROSST N，HINTON G E. Dynamic routing between capsules[J]. Advances in Neural Information Processing Systems，2017：3856－3866.

[126] WANG P，XU H，JIN X，et al. Flash：efficient dynamic routing for off chain networks[C]. The 15th International Conference on Emerging Networking Experiments and Technologies. Florida：USA,2019：370－381.

[127] ZHAO W，YE J，YANG M，et al. Investigating capsule networks with dynamic routing for text classification[C]. Empirical Methods in Natural Language Processing. Brussels，2018：3110－3119.

[128] GONG J，QIU X，WANG S，HUANG X. Information aggregation via dynamic routing for sequence encoding[C]. International Conference on Computational Linguistics. Mexico：USA，2018：2742－2752.

[129] WANG D，LIU Q. An optimization view on dynamic routing between capsules[C]. International Conference on Learning Representations. Vancouver：Canada，2018：1－4.

[130] LI Y，COURCOUBETIS C，DUAN L. Dynamic routing for social information sharing[J]. IEEE Journal on Selected Areas in Communica-

参考文献

tions, 2017, 35: 571 – 585.

[131] LI Y, SONG L, CHEN Y. Learning dynamic routing for semantic segmentation[C]. IEEE Conference on Computer Vision and Pattern Recognition. Seattle: USA, 2020: 8550 – 8559.

[132] 张洁玉, 陈强, 白小晶, 等. 基于广义典型相关分析的仿射不变特征提取方法[J]. 电子与信息学报, 2009, 31(10): 2465 – 2469.

[133] 孙权森, 金忠, 王平安, 等. 一种有效的手写体汉字组合特征的抽取与识别方法[J]. 中文信息学报, 2005(04): 78 – 83+88.

[134] ZHU C, MIAO D, WANG Z, Global and local multi-view multi-label learning[J]. Neurocomputing, 2018: 67 – 77.

[135] LIU G, LIN Z, YAN S, et al. Robust recovery of subspace structures by low-rank representation [J]. IEEE Transactions on Pattern Analysis and Machine Intelligence, 2013, 35(1): 171 – 184.

[136] GAO H, NIE F, LI X, et al. Multi-view subspace clustering[C]. IEEE International Conference on Computer Vision. Chile, 2015: 4238 – 4246.

[137] CAO X, ZHANG C, FU H, et al. Diversity-induced multi-view subspace clustering[C]. IEEE Conference on Computer Vision and Pattern Recognition. New York: USA, 2015: 586 – 594.

[138] 张培, 祝恩, 蔡志平. 单步划分融合多视图子空间聚类方法[J]. 计算机科学与探索, 2021: 1 – 9

[139] G LIU, Z LIN, S YAN, et al. Robust recovery of subspace structures by low-rank representation[J]. IEEE Transactions on Pattern Analysis and Machine Intelligence, 2013, 35(1): 171 – 184.

[140] SA V R D. Spectral Clustering with Two Views [C]. International Conference on Machine Learning. Bonn: Germany, 2005: 20 – 27.

[141] XIA R, PAN Y, YIN J. Robust multi-view spectral clustering via low-rank and sparse decomposition[C]. AAAI. Quebec: Canada, 2014: 2149 – 2155.

[142] ELHAMIFAR E, VIDAL R. Sparse subspace clustering: algorithm, theory, and applications[J]. IEEE Transactions on Pattern Analysis and Machine Intelligence, 2013, 35: 2765 – 2781.

[143] ZHANG C, LIU Y, LIU Y, et al. FISH-MML: Fisher-HSIC Multi-View Metric Learning[C]. International Joint Conference on Artificial Intelligence. Stockholm: Sweden, 2018: 3054 – 3060.

基于融合表征的多视图学习方法